Kuczera · Heinrich Hertz.

Kuczera · Heinrich Hertz.

1 Heinrich Hertz
(22. 2. 1857 bis
1. 1. 1894)

Biographien
hervorragender Naturwissenschaftler,
Techniker und Mediziner

Band 20

Heinrich Hertz

Entdecker der Radiowellen

Dr. sc. Josef Kuczera †, Berlin

3., überarbeitete und erweiterte Auflage

Mit 13 Abbildungen

BSB B. G. Teubner Verlagsgesellschaft · 1987

Herausgegeben von
D. Goetz (Potsdam), I. Jahn (Berlin), E. Wächtler (Freiberg),
H. Wußing (Leipzig)
Verantwortlicher Herausgeber: D. Goetz

Kuczera, Josef:
Heinrich Hertz: Entdecker d. Radiowellen / von
Josef Kuczera. – 3., überarb. u. erw. Aufl. ¬
Leipzig: BSB Teubner, 1987. – 96 S.: mit 13 Abb.
(Biographien hervorragender Naturwissenschaftler,
Techniker und Mediziner; 20)
NE: GT

ISBN 978-3-322-00387-4   ISBN 978-3-322-93045-3 (eBook)
DOI 10.1007/978-3-322-93045-3

Biogr. hervorrag. Nat. wiss. Techn. Med., Bd. 20
ISSN 0232-3516
© BSB B. G. Teubner Verlagsgesellschaft, Leipzig, 1987
3. Auflage
VLN 294-375/85/87 · LSV 1108
Lektor: Dr. Hans Dietrich

Gesamtherstellung: Elbe-Druckerei Wittenberg IV-28-1-2443
Bestell-Nr. 666 379 0

00450

Inhalt

Durch seltenste Gaben des Geistes und Charakters begünstigt, hat er in seinem leider so kurzen Leben eine Fülle fast unverhoffter Früchte geerntet, um deren Gewinnung sich während des vorausgehenden Jahrhunderts viele von den Begabtesten seiner Zeitgenossen vergebens bemüht haben ... Er war ein Geist, der ebenso der höchsten Schärfe und Klarheit des logischen Denkens fähig war, wie der größten Aufmerksamkeit in der Beobachtung unscheinbarer Phänomene. Der uneingeweihte Beobachter geht an solchen leicht vorüber, ohne auf sie zu achten; dem schärferen Blicke aber zeigen sie den Weg an, durch den er in neue unbekannte Tiefen der Natur einzudringen vermag.

Heinrich Hertz schien prädestiniert zu sein, der Menschheit solche neue Einsicht in viele bisher verborgene Tiefen der Natur zu erschließen, ... unter allen Schülern, die ich gehabt habe, durfte ich Hertz immer als denjenigen betrachten, der sich am tiefsten in meinen eigenen Kreis von wissenschaftlichen Gedanken eingelebt hatte, und auf den ich die sichersten Hoffnungen für ihre weitere Entwicklung und Bereicherung glaubte setzen zu dürfen.

Hermann von Helmholtz

2 Hermann von Helmholtz (31. 8. 1821 bis 8. 9. 1894)

Einleitung

Heinrich Hertz lebte und wirkte in der zweiten Hälfte des 19. Jahrhunderts, einer Zeit, in der Naturwissenschaften und Technik sich rasch entwickelten. Die vorliegende Biographie gibt Auskunft über Einflüsse von Erziehung, Bildung und Umwelt auf die Entwicklung zum Naturforscher, über Quellen von Erfolgen und Mißerfolgen, Motive bei der Auswahl von Forschungsgegenständen, die Wirkung von Forschungserkenntnissen und -ergebnissen sowie physikalischer und philosophischer Ideen in Wissenschaft, Technik und Gesellschaft.

Zum Naturforscher entwickelte sich Heinrich Hertz im Rahmen einer glückhaften Synthese von Anlage und äußeren Bedingungen. Er verdankt alles nicht nur seinem Fleiß, seinem Pflichteifer und seiner Begabung, sondern auch der Förderung, die er erfahren hat. Vor allem die Begegnung mit Hermann von Helmholtz und dessen Denkstil waren es, die den wissenschaftlichen Werdegang von Heinrich Hertz zur Forscherpersönlichkeit internationalen Rufs geprägt haben. Hermann von Helmholtz, einer der bedeutendsten Gelehrten des 19. Jahrhunderts, erwarb sich Verdienste als Mediziner und Physiologe, Physiker und Mathematiker, trat aber auch als Philosoph hervor. Er war ein hervorragender Hochschullehrer und regte 1879 seinen Schüler Heinrich Hertz an, die Faraday-Maxwellsche Theorie der Elektrodynamik einer experimentellen Prüfung zu unterziehen. Diese Aufgabe konnte Hertz nach jahrelanger intensiver Vorbereitung schließlich 1886/89 lösen, er erzielte dabei bedeutende Ergebnisse und ging als ein „Kopf ersten Ranges" in die Geschichte der Naturwissenschaften ein. Er hatte wesentlichen Anteil an der Vollendung der klassischen Physik und gab Antworten auf grundlegende physikalische Fragestellungen, die den Aufbruch zur modernen Physik beschleunigten.

Die in seinen zahlreichen Arbeiten enthaltenen theoretischen Aussagen wirkten heuristisch bei der weiteren naturwissenschaftlichen und technischen Entwicklung. Sie waren Quelle einer dynamischen

Entfaltung der Hochfrequenztechnik, der Kommunikationsmittel, des Nachrichtenwesens und reichen bis in die heutige Hochenergiephysik.

Herausragendstes und bekanntestes Ergebnis ist die experimentelle Erzeugung der „elektrischen" Wellen im Raume, die in der Faraday–Maxwellschen elektromagnetischen Feld- und Lichttheorie mathematisch vorausgesagt waren. Die „Entdeckung der Radiowellen" ist Resultat der berühmten Versuche mit Funken und Schwingungen, die Hertz an der Technischen Hochschule in Karlsruhe durchführte. Rundfunk und Fernsehen sind aus unserem heutigen Kulturleben nicht mehr wegzudenken. Sie gestatten uns, in Bild und Ton an Geschehnissen in aller Welt simultan teilzuhaben. In ihren prinzipiellen theoretischen Ausgangspunkten beruhen sie auf Erkenntnissen der naturwissenschaftlichen Grundlagenforschung.

Heinrich Hertz lieferte die entscheidenden Grundbausteine der drahtlosen Telegraphie und Kommunikationsmittel. Ihm zu Ehren erhielt die Einheit der Frequenz seinen Namen: Ein Hertz gleich eine Schwingung pro Sekunde.

Der russische Physiker Alexander Stepanowitsch Popow und der italienische Erfinder Guglielmo Marconi knüpften als Pioniere der nach Hertz einsetzenden Entwicklung unmittelbar an seine Arbeiten an. Die Zeichen des ersten drahtlosen Telegramms, das Popow 1896 über eine Strecke von 250 Meter senden und empfangen konnte, lauteten: HEINRICH HERTZ!

Heinrich Hertz gelang es 1888, die später nach ihm benannten elektromagnetischen Wellen nicht nur nachzuweisen, sondern auch ihre Wellenlänge, Ausbreitungsgeschwindigkeit sowie ihre Eigenschaften zu bestimmen. Hertzsche Wellen bilden inzwischen die Grundlage nahezu aller Formen einer schnellen Informationsübermittlung. Sein Nachweis, daß Licht eine elektromagnetische Welle ist, war ein Ausgangspunkt in der Entwicklung der modernen Physik. Hertz brachte das Maxwellsche Gleichungssystem in eine für die Anwendung brauchbare mathematische Form, entwickelte eine Methode zur Berechnung durch Vibratoren erzeugter elektromagnetischer Felder, erzielte Erfolge im Bereich der Optik und Gasentladung, weiterhin in der Erforschung des photoelektrischen Effekts, der in der modernen Physik und Technik eine Rolle spielt, bemerkte die Durchlässigkeit von Metallen für

Katodenstrahlen, gab eine exakte Definition des Begriffs „Härte";
seine Arbeiten inspirierten zahllose Zeitgenossen sowie Naturwissenschaftler und Techniker des 20. Jahrhunderts.

Obwohl Heinrich Hertz nur ein Jahr älter war als Max Planck,
scheint es uns durch seinen frühen Tod, als gehöre er zu einer
älteren Physikergeneration. So führte der Kernphysiker Gustav
Hertz auf der Gedenkfeier zum 100. Geburtstag seines Onkels am
22. Februar 1957 in Hamburg aus, er wäre

erst 43 Jahre alt gewesen, als Planck (1900) seine Quantentheorie entwik-
kelte, 48 Jahre beim Erscheinen der Einsteinschen Relativitätstheorie (1905),
56 Jahre beim Bekanntwerden der Bohrschen Theorie des Wasserstoffatoms
(1913), und selbst bei der ersten künstlichen Atomumwandlung (1919) wäre
er erst 62 Jahre alt gewesen.

In den letzten Lebensjahren entwarf Hertz ein originelles Modell
der Prinzipien der Mechanik, das 1894 erschienen ist. Die Korrek-
turen der zweiten deutschsprachigen Auflage von 1910 sind, wie

3 Gustav Hertz
(22. 7. 1887 bis
30. 10. 1975)

Philipp Lenard, ein Schüler von Heinrich Hertz in der Vorbemerkung als Herausgeber schrieb, „von Herrn Stud. Gustav Hertz mit
großer Gründlichkeit besorgt worden".
Bekannt geworden ist dann Heinrichs Neffe Gustav vor allem
durch die 1912/13 gemeinsam mit James Franck ausgeführten
Franck-Hertz-Versuche und den Nobelpreis für Physik, den sie
1926 für das Jahr 1925 erhielten, nachdem dieses Elektronen-
stoßverfahren einen ad hoc gedeuteten unmittelbaren experimentellen Beweis lieferte für die Grundannahmen des Bohrschen
Atommodells. Mit Hilfe eines Voltmeters wurde das die Mikro-
welt beherrschende Wirkungsquantum h bestimmt.
Heinrichs um ein Jahr jüngerer Bruder Gustav, der Vater von
Gustav Hertz, hatte mit großem Interesse die Arbeiten des Älteren
verfolgt und bei seinem eigenen Sohn schon in jungen Jahren
Begeisterung für Mathematik und Physik geweckt.
Auch Heinrich Hertz war von Eltern und Lehrern in humanisti-
schem Geiste erzogen und in seinen Neigungen, Begabungen und
Fähigkeiten verständnisvoll gefördert worden. Während er sich
auf das berufliche Leben vorbereitete, fand er im Elternhaus
soziale Sicherheit, geistige Geborgenheit und materielle Hilfe.
Erinnerungen, Briefe, Tagebücher, Aufzeichnungen und theoretische Abhandlungen gewähren uns in einer wohl einmaligen Fülle
Einblick nicht nur in das Leben, sondern auch in die Gedanken-
werkstatt von Heinrich Hertz.

Elternhaus und Schule in Hamburg (1857–1875)

Heinrich Rudolf Hertz wurde am 22. Februar 1857 als ältestes
Kind des Rechtsanwalts und späteren Senators der Freien Hansestadt Dr. Gustav Hertz geboren. Hamburgs wirtschaftliches Leben
war und ist eng mit Seefahrt und Hafenumschlag verbunden. Seit
dem 13. Jahrhundert, insbesondere vom 16. bis zum 19. Jahrhundert, nach dem Niedergang Antwerpens, war Hamburg bedeutende Hanse- und Reichsstadt. 1815 wurde Hamburg Freie Stadt
und Hansestadt im Deutschen Bund, 1867 Mitglied des Nord-
deutschen Bundes. 1848/60 kämpfte die Bürgerschaft um politische
Gleichberechtigung.

4 Vater von Heinrich
und Großvater von
Gustav Hertz

Der Vater von Heinrich Hertz war ein Vertreter des liberalen Bürgertums mit humanistischen und für seine Zeit progressiven Anschauungen. Er war ein Mann von hoher Bildung, bewies für seine Kinder das ganze Leben lang größtes Verständnis und gewährte ihnen jede mögliche Unterstützung.

Die Mutter Elisabeth geb. Pfefferkorn brachte ihren Kindern stets Verständnis, Fürsorge und mütterliche Wärme entgegen. Nach dem Tode ihres großen Sohnes schrieb sie ihre Erinnerungen an seine Kindheit auf. Darin finden wir zahlreiche Hinweise, die uns Auskunft geben über Heinrichs ckarakterliche Eigenschaften und Anlagen. So offenbarte er von den ersten Lebensjahren an Begabungen, die seine Mitmenschen in Erstaunen versetzten. Allen Gegenständen seiner Umgebung widmete er große Aufmerksamkeit und war stets bemüht, alles zu verstehen. Bestechend war sein Gedächtnis. So erzählte er, wie die Mutter berichtet, als er drei Jahre alt war, etwa einhundert Fabeln, die sie ihm mehrmals gezeigt und vorgelesen hatte, Wort für Wort frei aus dem Gedächtnis nach.

Auch seine ausgezeichnete manuelle Geschicklichkeit erwies sich auf mehreren Gebieten. Eines Tages fragte zum Beispiel der Hausarzt die Mutter: „Wer ist der Michelangelo in Ihrem Hause?" – ...„Unten steht ein ganzes Brett gelungener Tongegenstände, wirklich ein großes Talent, der Junge muß Bildhauer werden."

Heinrich bekam schon in jungen Jahren eine Drechselbank geschenkt und nahm bei einem Meister Unterricht im Drechseln. Als dieser Drechslermeister später zufällig erfuhr, daß sein Schüler inzwischen Professor sei, meinte er betrübt: „Ach wie schade, was wäre das für ein Drechsler geworden!"

Das handwerkliche Geschick trug bei späteren Experimenten und damit verbundenen Entdeckungen reiche Früchte. In jener Zeit war solche Fertigkeit noch unabdingbare Voraussetzung für erfolgreiches Experimentieren.

Bis zur Konfirmation im März 1872 erhielt Heinrich Unterricht in einer der städtischen Bürgerschulen, wo er zu den besten Schülern zählte. Sein Lehrer vermerkte 1865 im Schulzeugnis: „Glänzt im Unterricht als Stern erster Größe"; und 1866 lautete das Urteil: „keiner übertrifft ihn in der Stunde an Schnelligkeit und Schärfe der Auffassung". Auf die Frage der Mutter, ob denn Heins in der Schule beliebt sei, meinte der Lehrer, das könne

5 Heinrich Hertz im
Dezember 1865

er nicht beantworten, „jedenfalls staunten ihn alle an, da er alles wisse, oft ehe es gelehrt würde".

Die guten Leistungen resultierten unter anderem aus einem unstillbaren Beschäftigungstrieb und großem Pflichteifer. Er begriff mit gleichem Erfolg Probleme in naturwissenschaftlichen wie in humanistischen Fächern, auch Sprachen erlernte er leicht.

Im Singen versagte der Junge jedoch völlig, trotz der Bemühungen seiner Lehrer, ihn auch darin voranzubringen. „Heinrich gehört, was das theoretische Verständnis betrifft, zu unseren besten Schülern, aber in bezug auf Gehörsbildung stehn wir leider noch auf dem alten Punkt", hieß es im Zeugnis vom 1. April 1865; und 1869 lesen wir dazu: „Singen: Heinrich beteiligt sich nicht an den Übungen."

Dagegen entwickelte er tiefes Verständnis für die Schönheit der Poesie; Homer und Dante waren seine liebsten Dichter, vieles von ihnen kannte er auswendig. Seine Mutter berichtet:

Auch als reifer Mann behielt er die große Vorliebe für Homer, dessen Verse er neben denen von Dante, wenn er allein war, oft laut zu deklamieren pflegte; dieser Genuß ersetzte ihm gewissermaßen die Musik.

Eine der progressiven Tendenzen in der Erziehung und Bildung der Familie Hertz zeigte sich darin, daß Heinrich neben der städtischen Schule sonntags noch die Gewerbeschule besuchte. Durch diesen Unterricht, der ja im wesentlichen praxisbezogen war, konnte er nicht nur sein großes Zeichentalent entfalten, sondern hier wurde auch sein mathematisches Talent erkannt und gefördert. So schlug der Direktor der Gewerbeschule eines Tages dem Vater Heinrichs vor, ihn Mathematik studieren zu lassen. Doch der Junge antwortete auf eine diesbezügliche Frage der Mutter: „Nein, das möchte ich nicht, Mathematik ist eine so abstrakte Wissenschaft, in die man sich ganz vertiefen muß, und ich will so gerne mit den Menschen leben."

Als aus der Klasse, die Heinrich besuchte, zwei Klassen gebildet wurden, eine für Latein, eine mit dem Schwerpunkt Rechnen und Naturwissenschaften, wählte er aber die letztere, wahrscheinlich seiner handwerklichen Fähigkeiten halber, mit denen er sich sicherer fühlte, und um Ingenieur zu werden. Dies entsprach wohl auch mehr der dem Praktischen zugeneigten Denkweise in seiner Vaterstadt.

Da in der Schule nicht die ganze Skala der Fähigkeiten des Jungen abgefordert wurde, entschloß sich sein Vater, ihm zusätzlichen Unterricht in Privatstunden geben zu lassen. 1872 nahm er seinen Sohn schließlich ganz aus der städtischen Bürgerschule heraus, damit der Junge sich voll durch privaten Unterricht auf die obere Klasse des humanistischen Gymnasiums vorbereiten konnte. Auf diese Weise wollte er ihm zugleich größere Freiheit für seine wirklichen Neigungen verschaffen. Dieses kluge und einfühlsame Verständnis der Eltern begünstigte Heinrichs weiteren Weg entscheidend. Auch später faßte er keinen bedeutsamen Entschluß, ohne zuvor seine Eltern zu konsultieren und ihren Rat einzuholen.

Als Hertz kurz vor dem Examen stand, schrieb er in seinem Lebenslauf, wohl aus Bescheidenheit, die ihn damals noch an seiner Begabung für theoretische Naturwissenschaft zweifeln ließ:

Ich gedenke, wenn es mir gelingt, die Maturitätsprüfung zu bestehen, nach Frankfurt am Main zu gehen und dort ein Jahr bei einem preußischen

14

Baumeister zu arbeiten, wie es für die spätere Ablegung vom Staatsexamen im Ingenieurfach erforderlich ist; nur in dem Falle, daß ich mich für diesen Beruf nicht geeignet zeigen sollte, oder daß meine Neigung zu den Naturwissenschaften noch wachsen sollte, werde ich mich der reinen Wissenschaft widmen. [4, S. 17]

Ostern 1875, achtzehnjährig, legte Heinrich Hertz an der Gelehrtenschule des Johanneums in Hamburg die Reifeprüfung ab. In der Gesamtbeurteilung wurden die scharfe Logik des Abiturienten, das sichere Gedächtnis und die Leichtigkeit des Ausdrucks hervorgehoben. Bemängelt wurde nur seine monotone Vortragsweise.

Nach bestandenem Examen entschied er sich seinem Vorsatz entsprechend also für das Bauingenieurstudium. Schweren Herzens mußte er sich vom elterlichen Hause in Hamburg trennen, um nach Frankfurt am Main zu ziehen.

Die Familie Hertz war mittlerweile auf sieben Mitglieder angewachsen, darunter waren vier Söhne: außer Heinrich noch Gustav (geb. 1858), Rudolf (1861), Otto (1867) sowie 1873 eine langersehnte Tochter. Alle betrübte es, daß Heinrich ausflog. Doch bald brachten die sogenannten Wochen-Briefe, die er regelmäßig schrieb, den Eltern Freude.

Bautechnisches Studium und Studienwechsel zu den Naturwissenschaften

Praktikum in Frankfurt am Main (1875/76)

Zur Vorbereitung auf das Studium der Ingenieurwissenschaften arbeitete Heinrich Hertz ein Jahr als Praktikant in Frankfurt am Main. Im März 1875 reiste Heinrich Hertz in diese historisch und architektonisch bedeutende Stadt, um dem Wunsche seines Vaters und seiner eigenen Neigung folgend Baumeister oder Architekt zu werden.

Jedoch spürte er bald, daß ihn diese Arbeit nicht befriedigte, und verschaffte sich Abwechslung, indem er nebenher Mathematik betrieb und viel las, so u. a. Euripides, Platons „Staat", „Philoktet" von Sophokles, die Prometheus-Sage, Geschichte der Architektur, Madame de Staëls Buch „Über Deutschland", alles jeweils im Original, vor allem aber Literatur über Physik. Am 25. Oktober 1875 schrieb er seinen Eltern von seiner wachsenden Neigung zu den Naturwissenschaften:

Ich habe auch wieder für die Naturwissenschaften große Lust bekommen, durch die Lektüre des Wüllner, aber ich kann mich nicht überreden, das, was ich mir als schönstes Ziel vorgesteckt habe, aufzugeben. [4, S. 29]

Der Drang zu den Naturwissenschaften verstärkte sich jedoch, und die Gedanken von Hertz kreisten fast nur um wissenschaftliche Probleme, wenn auch noch wenig geordnet. Dabei hatte er am 29. März 1875, kurz nach seinem Eintreffen in Frankfurt, erfüllt von dem ihm eigenen produktiven Tatendrang und Pflichtbewußtsein, seinen Eltern berichtet, daß es ihm überhaupt lächerlich vorkomme, schon acht Tage hier zu sein und noch nicht zu wissen, was er anfangen solle. Er wolle doch schließlich nächsten April hier fertig sein. Daß es vieles zu sehen und zu lernen geben werde, das bezweifle er nicht:

Es wird hier ungeheuer viel gebaut und in allen Arten, Kirchen, Museen, Privathäuser, Straßendurchbrüche und Kai- und Eisenbahnarbeiten, auch Mainbrücken sind wieder zwei in Aussicht, doch weiß ich nicht, ob sie noch in diesem Jahr in Angriff genommen werden. [4, S. 19]

Das Baubüro, in dem der Praktikant seine Tätigkeit aufnahm, befand sich in der Nähe der Paulskirche, etwa 20–25 Minuten von seiner Wohnung. Die Arbeitszeit ging von 9–12 und von 15–18 Uhr. Das Mittagessen im Bürgerverein wurde so schnell serviert, daß er um viertel vor 1 Uhr damit fertig war. So tauchte das Problem auf, die verbliebene freie Zeit von gut zwei Stunden produktiv zu nutzen. Er mußte sich eingestehen, daß die zwei Stunden totzuschlagen sich genug Gelegenheit bot, nicht aber, sie nützlich zu verbringen. Selbst die Notwendigkeit des Abendessens empfand er als störend und glaubte keinen Weg zu sehen, den Tag trotz der so kurzen Arbeitszeit von 6 Stunden auch nur einigermaßen gut auszunutzen.

Im Büro hatte er drei Kollegen, alle älter als er, alle schon fest angestellt und alle ohne Staatsexamen. Er war überzeugt, im Büro und auf dem Bauplatz mit ihnen sehr gut auszukommen, doch im übrigen wollte er keinen Umgang mit ihnen haben. Er war also in seinem Arbeitsmilieu nicht so recht glücklich. Eines Tages fiel ihm schließlich auf, daß er den ganzen Tag kein einziges freundliches Wort gesagt oder gehört hätte:

Als mir der Kaffee gebracht wurde, sagte ich: Guten Morgen! und: Danke! Auf dem Bureau habe ich auch nichts nicht zur Sache Gehöriges gesagt; im Bürgerverein: ich wollte zu Mittag essen, und als ich um 6 Uhr vom Bureau ging, hatte das Sprechen für diesen Tag aufgehört. Daß man dabei etwas Heimweh bekommen kann, begreife ich wohl [4, S. 21],

schrieb er. Dieser Zustand bedrückte ihn sehr. Ein Besuch der Eltern bewirkte, daß ihm sein Aufenthalt in dieser Stadt gleich „viel weniger einsam" erschien und er seine Aktivitäten verstärkte.

So modellierte er in der Freizeit, hörte bei einem Anthropologen zwei Vorlesungen, deren wissenschaftlicher Inhalt ihn jedoch nicht befriedigte, holte sich aus der Stadtbibliothek Euripides, las ein paar hundert Verse und freute sich, daß es ohne Stockung ging. Danach lieh er sich Platons „Staat" aus, dessen Lektüre ihm Vergnügen machte, da er die Sprache verstand und den Sinn erfaßte.

Im Sommer unternahm er mit einem Schulkameraden aus Hamburg, der in Heidelberg studierte, eine Fußtour in die Schweiz, nachdem er zuvor von seinen Eltern die Genehmigung dazu eingeholt hatte. Im allgemeinen trieb er Fachstudien und versuchte, sich wieder in die Mathematik hineinzuarbeiten. Morgens ging er ins Büro, besuchte Bauplätze, nachmittags arbeitete er zu

Hause, las Griechisch, löste mathematische Aufgaben oder studierte auch manchmal Geschichte der Architektur.

Er versuchte, sich im Physikalischen Verein anzumelden, arbeitete dann Mathematik, machte etwas Arabisch, das er immer noch heimlich allein fortbetrieb, wider bessere Einsicht. „Aber ich tue alles durcheinander, wie ein Verrückter", so notierte er in seinem Tagebuch am 25. September 1875.

Der innere Kampf gegen die Neigung zu den Naturwissenschaften mußte dazu führen, seine Zweifel zu verdichten, ob er den richtigen beruflichen Weg eingeschlagen habe. Und im Brief vom 27. September 1875 begegnet uns die erste klare Erkenntnis seiner falschen beruflichen Entscheidung, Baumeister werden zu wollen. Er schreibt:

Morgens ging ich aufs Bureau und zeichnete nach Gips, und wie ich zeichnete, fiel mir auf, wie lächerlich es sei, daß ich nach Frankfurt und auf die Bauinspektion gehe, um nach Gips zu zeichnen, und ich sah ein, daß es Torheit sei, länger so zu bleiben, deshalb schrieb ich, als ich nach Hause gekommen war, an Papa, was ich tun solle, nicht ganz ohne Hoffnung, lieber wenn möglich, nach Hause zurückzugehen. Auch täte ich dies nicht aus Heimweh oder Bequemlichkeit. Wenn ich hier eine belehrende oder nützliche Beschäftigung habe, bleibe ich ebenso gerne hier. [4, S. 25]

Zwei Tage darauf lag bereits die Antwort vor, in der von Nachhausekommen gar keine Rede war, sondern der Vater ihm riet, mit den Vorgesetzten zu sprechen, was zu tun sei. Für den Sohn war es da selbstverständlich, dem zweifellos gutgemeinten Rat des Vaters zu folgen. Jedoch war der Zweifel damit keineswegs aus der Welt. So schöpfte Heinrich auch weiterhin Wissen aus verschiedenen Quellen, redete sich aber ein, doch das fortzusetzen, was er begonnen hatte, was er sich einmal als das höchste Ziel vorgestellt, nämlich preußischer Baumeister zu werden. Eines Tages hatte er deshalb einen kleinen Kampf mit den anderen Herren im Büro zu bestehen, die ihm abrieten, die preußischen Staatsexamina zu machen, wenn er nicht in den Staatsdienst wolle, da sie unnütz und schädlich seien. Als preußischer Staatsbaumeister sei man wie eine Maschine, die für den preußischen Staat arbeite und es im allgemeinen zu nichts bringe. Natürlich lehnte er diese Meinung ab, obgleich sie ihm zu denken gab, und tröstete sich mit folgendem Argument:

Übrigens habe ich noch keinen preußischen Baumeister, und was die Hauptsache ist, keinen guten gehört, der davon abgeraten hätte, und die mir abrieten, waren meistens sehr unbedeutend. [4, S. 29]

Wie sein Vater, war auch er von großer Loyalität gegenüber dem Staat und überzeugt, das Staatsinteresse verteidigen zu müssen. So arbeitete er im Büro intensiv weiter und fand seines ehrgeizigen Zieles wegen bei den anderen allmählich ein gewisses Verständnis.
Zu Hause las er nach wie vor viel und nahm insbesondere die Gelegenheit wahr, seinem abendlichen Diskussionspartner, einem Engländer, der in derselben Pension wohnte, verschiedene günstige Urteile aus Madame de Staëls Werk über Deutschland vorzulesen. Sie diskutierten lebhaft und stellten viele nationale Vergleiche an, ohne sich jemals zu erzürnen. Diese Diskussionen entwickelten sein Nationalgefühl, gepaart mit Achtung vor den Leistungen anderer Völker. Seine vorurteilslose Haltung gegenüber anderen Nationen kommt in dem Aufsatz von 1891, den er anläßlich des 70. Geburtstags von Helmholtz verfaßte, vollgültig zum Ausdruck [12, S. 37].
Germaine de Staël-Holstein, französische Schriftstellerin, bereits als Kind vertraut mit einigen der bedeutendsten französischen Vertretern der Aufklärung, wurde von Napoleon als seine Gegnerin aus Paris verbannt und bereiste seit 1803 mehrere europäische Länder, so auch Deutschland, wo sie mit Goethe, Schiller und mit den Brüdern Schlegel zusammentraf. Ihr im Exil verfaßtes Buch „De l'Allemagne" (Über Deutschland) bestimmte für lange Zeit das französische Deutschlandbild und lenkte das geistige Interesse Frankreichs auf die deutsche Romantik und idealistische Philosophie. Madame de Staël trug Ideen der französischen Aufklärung, vor allem die Jean-Jacques Rousseaus, in das 19. Jahrhundert. Ihre Darlegungen „Über Deutschland" beeinflußten im Herbst 1875 nachhaltig die politische Meinungsbildung von Heinrich Hertz.
Das so vielseitig anregende geistige Leben half ihm schließlich, das Frankfurter Dasein ganz erträglich zu finden:

Die Zeit geht mir schnell hin, und ich bin ganz damit zufrieden, denn mir ist jetzt immer zumute, als sei ich nur in einer notwendigen Vorbereitung für das eigentliche Leben und als müsse es mir angenehm sein, wenn diese recht rasch vorübergeht. Meine Meinung, wie ich mir die Zukunft denke, wechselt übrigens mit jedem Tage. [4, S. 29]

So wurde ihm durch das Studium von Wüllners Physik und den Besuch von Experimentalvorlesungen wieder „naturwissenschaftlicher zumute". Da sagte er sich, wenn er auch seinen alten Wunsch nicht wieder aufkommen lassen wolle, Naturwissenschaften zu studieren, würde er doch gern im Jahr darauf seinen Militärdienst zu Hause in Hamburg absolvieren, um nebenher Naturwissenschaften zu betreiben, weil das zu Hause mehr als anderswo gegeben sei. Also erweiterte er seine Freizeitstudien und las als nächstes unter anderem im Lehrbuch der Physiologie. Tags darauf ergriff ihn nach abendlicher Diskussion der Gedanke eines verbesserten Telegraphen und ließ ihn fast die ganze Nacht nicht schlafen. Seine Versuche, Elemente und einen Elektromagneten dafür zu erwerben, schlugen aus finanziellen Gründen fehl, und sein Bestreben, Apparate des Physikalischen Vereins benutzen zu können, blieb erfolglos.

Da er gerade in Gedanken nach einem Mittel suchte, Papier leitend zu machen, hörte er am 8. und 9. November 1875 mit Interesse Vorträge, die ihm Anregungen zu enthalten schienen, wie man nichtleitende Gegenstände durch Beschichtung mit einem entsprechend geeigneten chemischen Mittel leitend machen kann. Er erhoffte ungeheure Vorteile aus der Möglichkeit, daß jedermann zu Hause Telegramme auf einen von der Post gelieferten Papierstreifen schreiben könne. Sein Studium der Entwicklung der automatischen Telegraphie machte ihm aber bald deutlich, daß sein Grundgedanke nicht neu sei und seine Idee hinsichtlich ihrer Realisierbarkeit der Zeit weit voraus lag.

Ende November 1875 fesselte ihn im Büro die Ausarbeitung von Plänen für die obere Mainbrücke. Zu Hause griff er interessiert nach einem Lehrbuch der Volkswirtschaft. Hierzu hatten ihn besonders die vielen nationalen Vergleiche, zu denen er in letzter Zeit durch das Zusammensein mit Engländern und Franzosen herausgefordert wurde und sein erwachtes Nationalbewußtsein angespornt. Doch als der erste Eifer abgekühlt war, begnügte er sich mit einigen „ganz interessanten Resultaten" und widmete sich wieder den „wirklichen Studien", naturwissenschaftlichen Problemen, so der automatischen Telegraphie, der Entwicklung der chemischen Industrie aus den Berichten über die Wiener Weltausstellung oder Tyndalls Abhandlungen über die Wärme als Art der Bewegung.

Im Büro kopierte er Zeichnungen für das neue Börsengebäude.
Im Weihnachtsurlaub 1875 beschäftigte er sich mit der Umsetzung
einer Idee über einen Glasbiegeapparat, aber die Versuche miß-
langen. Am Ende des Praktikums, bis Ostern 1876, trieb er
„privatim hauptsächlich Mathematik", sprach viel Französisch,
politisierte mit dem Franzosen und dem Engländer in der Pension,
die er „immer lieber gewann". In den Osterferien widmete er sich
wieder der Mathematik und Physik, vor allem der „Hohlspiegelei",
wobei er aber „keine Resultate" erzielte [4, S. 34].
In den letzten Tagen in Frankfurt hatte er alles Unnütze über
Bord geworfen und feste Entschlüsse gefaßt. Folgerichtig nahm
er bald darauf das Ingenieurstudium in Dresden auf.

Ingenieurstudium in Dresden (1876)

Am 21. April 1876 reiste Heinrich Hertz in die sächsische Landes-
hauptstadt, um sich am dortigen Polytechnikum zu immatrikulieren. Die Ingenieurwissenschaften interessierten ihn aber weniger
als zum Beispiel die verschiedenen Gebiete der Mathematik, der
Naturwissenschaften und Philosophie. Kants Kritik der reinen
Vernunft, vor allem dessen Gedanken über Raum und Zeit, denen
er sich widmete, mögen ihm den Zugang erschlossen haben zum
Verständnis allgemeiner Zusammenhänge von Naturerscheinungen.
Offensichtlich war dies eine der frühen geistigen Quellen für
seine späteren Überlegungen über die allgemeinen Prinzipien der
Mechanik in neuem Zusammenhange.
In Dresden blieb er nur ein Semester lang. Die am Polytechnikum
gebotenen Vorlesungen brachten ihm nicht den erwarteten Gewinn
an Erkenntnissen, und er mußte ohnehin im Herbst desselben
Jahres seinen einjährigen Militärdienst antreten. Die kurze Zeit
in Dresden nutzte er jedoch konsequent, um sein Wissen zu vertiefen und zu erweitern. Das zeigt der Ablauf eines Tages:
Am 25. April zum Beispiel stand er morgens um 6 Uhr auf und
machte Differentialrechnung. Um 9 Uhr besuchte er die Vorlesung, in der Integralrechnung mit rasender Schnelligkeit behandelt wurde; er konnte aber folgen. Danach hörte er eine
Vorlesung über automatische Telegraphie bei einem Professor,
dessen Buch über automatische Telegraphie er früher schon gele-

sen hatte. Der Vortrag an diesem Tage schien ihm unbedeutend. Als er ins Museum wollte und es verschlossen vorfand, ging er nach Hause, um zu arbeiten, war aber zu müde dazu. Dann belegte er Kollegien über darstellende Geometrie, ging ins Lesezimmer der Bibliothek, um Schlömilchs Journal 1871 über die schiefe Projektion zu lesen. Daß ihm fast alle Aufsätze unverständlich waren, entsetzte ihn ebenso wie die Fülle der aufgelegten Zeitschriften, so daß er niedergeschlagen fortging.

Da er immer gern mit Menschen zusammen war, suchte er sich bietende Möglichkeiten zu Kontakten und mußte dabei manch bittere Erfahrung sammeln. So erging es ihm, als er eines Tages nach einigem Zögern einem Angebot der Studentenverbindung „Cherusker" folgte, auf ihrem Verbindungsabend „einzuspringen", in der Hoffnung, so wenigstens seiner Einsamkeit zu entrinnen und wieder gute Freunde zu finden. Dazu schreibt er am 26. April 1876:

Dann ging ich mit mehreren Cheruskern auf den Bergkeller, nachher mit ihnen in ihre Kneipe und sah sie pauken. Sie waren natürlich sehr freundlich mit mir, und meine Vorstellungen schwankten immer, ob ich sie als gute Freunde betrachten sollte oder als Teufel, die eine arme Seele gewinnen wollen. [4, S. 36]

Da kam er auf den Gedanken, sein Vater könne ihm gewiß aus dieser Klemme helfen und bat ihn, ihm einfach zu verbieten, an den Verbindungsabenden teilzunehmen. Der Vater erklärte sich dazu bereit, riet ihm aber ab, davon Gebrauch zu machen. Daraufhin antwortete Heinrich am 3. Mai 1876: „Meine Bitte an Dich war ebenso übereilt wie mein Einspringen, es ist dies eben ein Fehler, den ich verbessern muß." [4, S. 37]

Doch nach einigen Wochen beruhigte er sich und opferte die Zeit für das Kneipen. Er redete sich zu, so wenigstens weniger einsam zu sein und tröstete die Eltern, das Pauken fange an, ihm Vergnügen zu machen, es sei sehr gesund, und auch das Kneipen sei nicht so fürchterlich. Aber im Grunde reute ihn die verlorene Zeit in der Studentenverbindung.

Die Vorlesungen besuchte er regelmäßig, fand aber nur die über Mathematik und Geschichte der Philosophie interessant. Bei den anderen konnte ihm nichts Neues geboten werden. Ihn interessierte jedoch besonders das noch nicht Bekannte. Hierüber gibt der Brief vom 24. Mai 1876 recht umfassend Auskunft:

Was vergleichende Psychologie sei, wußte ich anfangs auch nicht und ging auch nicht hin, wurde aber von einem anderen hingelockt. Es ist eine vergleichende Darstellung des Seelenlebens von den niederen Tieren aufwärts bis zum Menschen, nicht metaphysisch, sondern naturwissenschaftlich und dabei sehr populär gehalten, etwa in der Art, wie in den populären Vorträgen von Virchow und anderen, die wir zu Hause haben. Der Professor erzählt dabei eine Menge kleiner Geschichten, die er, glaube ich, ebenda gelesen hat, wo ich auch, nämlich gerade in jenen Vorträgen! Seine Vorträge über Geschichte der neuen Philosophie dagegen sind wirklich wissenschaftlich und sein Fach, und daher sehr interessant, ebenso sind die Vorlesungen ... über Integralrechnung, ... Überblicke über das, was noch höher in der Mathematik liegt ... Mathematik ist jetzt überhaupt meine Hauptarbeit und die mir die größte Freude macht; ich betreibe sie zu Hause, indem ich Tag um Tag abwechsele zwischen Integralrechnung und Geometrie der Lage, die ich zu studieren angefangen habe. Auf dem Lesezimmer suche ich mir aus der Ferne Überblicke sozusagen über die höchste Mathematik zu verschaffen, was einigermaßen schwerfällt, denn wenn auch die gemeine Integralrechnung lange nicht das Oberste ist, so ist doch der Stoff weiter hinauf nicht so geordnet und zusammengefaßt, sondern zerstreut in Zeitschriften und Broschüren. Man bekommt aber Wunderdinge zu sehen, so daß einem manchmal schwindlig wird. [4, S. 39]

Ende Juli 1876 reiste er nach Karlsbad, heute Karlovy Vary, nach Leipzig, und machte danach mit den Brüdern eine Fußtour in die Sächsische Schweiz. Die Ferien im August und September verbrachte er in Hamburg, rechnete häufig in der dortigen Gewerbeschule und auch zu Hause, mikroskopierte und trieb Sport.
Zu Hause fand er bei seinem Vater Teilnahme und manche Anregung. Der Vater verfolgte mit großem Interesse Heinrichs Arbeiten. Die Mutter versuchte es ebenfalls, hatte aber Schwierigkeiten, ihm zu folgen. Als er ihr zum Beispiel eines Abends von seinen mathematischen Studien erzählte, rief sie verzweifelt aus: „Ach, Heins, ich bin zu dumm dazu." Da nahm er sie zärtlich in die Arme und sagte aus tiefstem Herzen: „Arme Mama, daß Dir diese Freude entgehen muß!" Jedoch erlebte auch die Mutter viel Freude und war auf ihre Weise glücklich. Alle ihre Kinder waren begabt. Das Haus Hertz hatte gute Freunde. Der Vater war befriedigt in seiner Tätigkeit. Es gab keinen Zwang in der Familie, über Menschen wurde nicht gesprochen, aber geneckt wurde gehörig und gelacht. Jeder erzählte frei sein Erlebtes, Meinungen und Ansichten wurden offen und fröhlich ausgetauscht. Der Mutter war „keine Unterhaltung so lieb ... wie die im eigenen Hause".

Militärdienst in Berlin (1876/77)

Am 30. September 1876 tritt Heinrich Hertz seinen einjährigen Militärdienst beim Eisenbahnregiment in Berlin an. „Um 11 Uhr fuhr ich zur Bahn mit dem Gefühl, daß dies ein großer Abschnitt in meinem Leben sei", notierte er in seinem Tagebuch. Nach einer Woche Dienst erkennt er enttäuscht, daß an die Möglichkeit, sich hier weiterzubilden, nicht zu denken ist. „Sobald man anfängt, laufen einem vor Müdigkeit die Tränen aus den Augen", muß er feststellen. Am 6. Oktober schreibt er:

Sobald man ... daran denkt, daß man auch gerne etwas anderes tun möchte, als sich abstrampeln, essen, trinken und schlafen, ist einem die Sache unangenehm, und vielleicht wird sie mir auf die Dauer auch langweilig werden.

Der preußische Drill und das Kasernenleben stießen ihn ab. Deshalb versuchte er, aus der Not eine Tugend zu machen und tröstete sich und seine Eltern am 13. November 1876 mit folgenden Zeilen:

Ein dauernd gutes wird der Dienst aber haben, die Faulheit wird einem mal gründlich ausgetrieben; man sieht erst, was man alles kann, wenn man muß, und ich merke doch, daß die Selbstüberwindung, die der Kampf mit der natürlichen Trägheit kostet, mir immer leichter wird. Oft denke ich, wenn ich mit solchem Eifer und mit solcher Rücksichtslosigkeit gegen meine Finger, wie ich jetzt Griffe üben muß, früher hätte drauflosdrechseln und -hobeln wollen, so hätte ich weit mehr in derselben Zeit zustande bringen können. Oder wenn ich meiner eigenen besseren Überzeugung immer so schnell und genau Folge geleistet hätte, wie ich jetzt den mir ganz willkürlich scheinenden Befehlen des Offiziers oder Unteroffiziers Folge leisten muß, so hätte ich mir manche Unannehmlichkeit sparen können. [4, S. 42]

Insgesamt ist der Militärdienst für ihn eine schwierige Zeit, denn „jeder Tag und jede Stunde ist wie die andere, und jeder Tag, der herum ist, wird als gewonnen betrachtet", schrieb er Ende November. Am 23. Februar 1877 legt er in einem längeren Brief Rechenschaft ab über sein bisheriges Leben und seine Lebenserwartungen:

Ich bin nun 20 Jahre alt und habe sozusagen ein Drittel meines Lebens hinter mir, und fühle mich doch noch so schwach und unbedeutend und so unfähig, etwas zu tun, daß ich sagen könnte: Ihr habt Eure Liebe und Mühe nicht unnütz an Euren Sohn verschwendet. Und ich zweifle auch sehr, ob ich jemals so werde zu Euch sprechen können, sondern Eure Liebe wird ein übriges tun und zufrieden mit mir sein, wenn ich auch nur ein leidlich tauglicher Mensch werde. Jeder Tag zeigt mir mehr, wie unbrauchbar ich auf dieser Welt noch bin. Ich weiß etwas Griechisch und etwas Mathematik und etwas dies und das und habe jetzt etwas Billard spielen gelernt, aber daß ich, wenn es hieß: Wer kann dies oder das, oder wer kann aus dieser oder jener Verlegenheit helfen?, daß ich dann hätte vortreten können, ist mir bisher noch nicht passiert. So erwarte ich denn auch mehr von der Zukunft, als ich mit der Vergangenheit zufrieden bin. Ich glaube, ich habe vor einem Jahr sehr Ähnliches an Euch geschrieben, und wirklich ist der ganze Unterschied zwischen jetzt und damals, daß ich ein Jahr älter geworden bin, sonst bin ich nicht viel weitergekommen. Ich habe gelernt, daß ich nicht allzu große Ansprüche an das Leben und an mich selbst stellen dürfe, und habe doch an Selbstvertrauen auch wieder gewonnen und an Erfahrung, aber brauchbarer bin ich nicht geworden, und sehe vor mir noch sehr viele Jahre und viele Geburtstage, an denen ich Euch wieder dasselbe schreiben kann, ehe ich hoffen darf, recht kräftig in das Leben einzugreifen. [4, S. 43]

Um die Eltern nicht allzu sehr zu ängstigen, berichtet er auch Erfreuliches vom Kommiß, der ihm, obwohl in einem unaufhörlichen Kampf, sogar Freude mache, insofern er seine Kräfte fordere und er verhältnismäßig ungeschoren hindurchkomme. An-

6 Heinrich Hertz 1877

stelle der anfänglichen Neckereien der Kameraden habe er eine
beinahe geachtete Stellung, wenn auch mit den Schlechten keine
freundschaftliche. Ähnlich sei die Stellung zu den Vorgesetzten,
ohne daß er etwas von der Würde vergeben hätte:

Dieser Kampf macht mir Spaß und macht, daß ich oft den Kommiß ver-
teidige zum großen Entsetzen der anderen, die sich oft nicht beherrschen
können, wo das Sich-Beherrschen das Richtige ist. [4, S. 44]

Gegen Ende des Militärdienstjahres erhält er das Offizierspatent.
Am 19. September 1877 schreibt er abschließend seinen Eltern:
„Es wird einem alten Mann noch einmal sauer gemacht, aber es
liegt doch jetzt schon das Ganze hinter uns, und wir denken mehr
daran, was nach dem 1. Oktober wird, als an die Gegenwart."
Er faßt den Entschluß, anschließend nach München zu gehen,
worüber er nur Gutes gehört habe, um sich dort endlich einzu-
fügen. Es wäre töricht, hier zu bleiben, nur damit keiner sagen
könnte: „Du bist nirgends zufrieden".

Studienwechsel in München (1877/78)

Im Herbst 1877, unmittelbar nach dem Militärdienst in Berlin,
reiste Heinrich Hertz nach München, um das Polytechnikum zu
besuchen.

Hier war mein erster Gang aufs Polytechnikum, um zu hören, ob die Vorlesungen schon angefangen hätten, und ich hörte, daß sie erst nächsten
Montag anfingen, ich also noch über acht Tage mir die Zeit vertreiben muß.
Ich beschloß daher den ersten Tag mit einem tüchtigen Spaziergang kreuz
und quer durch die Stadt, die mir sehr wohl gefiel. Sie erschien mir wie an
einem klaren Wintermorgen, die scharfe Luft und die Leere in den Straßen
verstärkten den Eindruck. Was öffentliche Gebäude anlangt, so scheint mir
München doch weit über Berlin zu stehen; wenn man zum erstenmal hier
herumspaziert, so wird man jeden Augenblick überrascht durch einen neuen
großartigen Platz, und es scheint mir hier, wenigstens bei dem schönen
Wetter, noch der Reiz der Farbe hinzuzukommen, während bei uns alles,
selbst was ursprünglich Farbe hatte, grau aussieht. Die übrige Zeit bin ich
meistens in Museen herumgelaufen [4, S. 77].

schrieb er am 22. Oktober 1877. Eine Woche später berichtete er,
wie er die Zeit benutzt habe, um die prachtvollen Sammlungen
anzusehen, die ihm reicher und schöner aufgestellt schienen, als

26

er es von anderen Orten, auch von Dresden oder Berlin her
kannte.

Die Einrichtungen des Polytechnikums gefielen ihm ebenso gut,
außer daß es dort endlich einmal anfangen sollte, stellte er un-
geduldig fest und belegte gleich so viele Vorlesungen, wie sein
Etat es überhaupt zuließ. Auf der Universität aber belegte er
zunächst keine Kollegien, denn es hieß, Naturwissenschaften, und
Mathematik würden teilweise am Polytechnikum besser gelesen
als dort, so daß die meisten Studenten Physik, Mathematik und
Chemie ohnehin am Polytechnikum hörten. Er nahm das Ingenieurstudium also wieder auf und wollte es zu Ende führen, hörte
jedoch daneben besonders Vorlesungen über Mathematik und
Physik; und bald erfüllte ihn seine alte Leidenschaft für die
Naturwissenschaften vollends. Er wechselte, als es an der Zeit
war, sich dem Studium der speziellen Ingenieurwissenschaften zu
widmen, seine Fachrichtung und wandte sich ausschließlich dem
Studium der Naturwissenschaften zu. Das war allerdings leichter
gesagt als getan, war doch bereits sein erster Versuch an dem
wohlgemeinten Rat des Vaters gescheitert. Jetzt mußte er, sollte
sein fester Entschluß zur Tat werden, alle verfügbare Über-
zeugungskraft aufbringen, um die elterliche Einwilligung zu erreichen.

Im Brief vom 1. November 1877 an seine Eltern erhalten wir
Auskunft über diese wohl wichtigste Entscheidung im Leben von
Heinrich Hertz; er sei deshalb hier im Wortlaut wiedergegeben:

Ihr wundert Euch vielleicht, daß dieser Brief dem vorigen so schnell folgt;
ich dachte auch nicht, so bald wieder zu schreiben, aber es ist diesmal in
einer wichtigen Sache, die keinen langen Aufschub verträgt. Es ist nämlich
ein beschämendes Geständnis für mich, aber es muß doch heraus, ich möchte
noch jetzt im letzten Augenblick umsatteln und Naturwissenschaften studieren. Ich komme in diesem Semester an den Scheideweg, wo ich mich ihnen
entweder ganz widmen muß oder definitiv von ihnen Abschied nehmen und
jeder überflüssigen Beschäftigung mit ihnen entsagen muß, wenn ich nicht
meine eigentlichen Studien darüber liegenlassen und ein mittelmäßiger Ingenieur werden wollte. Da ich dies neulich bei der Bearbeitung meines
Studienplans einsah, und so einsah, daß mir darüber kein Zweifel bleiben
konnte, da wollte ich zuerst jede überflüssige Beschäftigung mit Mathematik
und Naturwissenschaften abschwören; aber da wurde es mir mit einmal
klar, daß ich dies doch nicht könnte, daß ich auch bisher eigentlich nur mit
diesen mich beschäftigt habe und jetzt auch auf diese nur mich gefreut, alles
andere kam mir schal vor, und die Erkenntnis kam so plötzlich, daß ich am

liebsten gleich aufgesprungen wäre und Euch geschrieben hätte, aber ich hielt mich noch ein paar Tage hin und überlegte die Sache hin und her, aber ich komme zu keinem anderen Resultat. Ich begreife auch nicht, daß ich nicht früher darüber klar geworden, da ich doch auch hierher mit der besten Absicht kam, Mathematik und naturwissenschaftliche Gegenstände zu hören, an Situationszeichnen, Baukonstruktion, Baumaterialien usw. aber gar nicht gedacht hatte, die doch meine Hauptbeschäftigung sein sollten. Es ist auch schade, daß ich nicht schon zu Hause den Gedanken gehabt habe, da man doch alles hätte besprechen können und vieles besser einrichten als so, aber was hilft das alles, es ist nun einmal nicht anders. Ich habe mir auch das vorgehalten, was ich mir öfters gesagt habe, daß ich lieber ein bedeutender Naturforscher als ein bedeutender Ingenieur, aber lieber ein unbedeutender Ingenieur als ein unbedeutender Naturforscher sein möchte; jetzt, wo ich an der Grenze stehe, denke ich aber, daß doch auch wahr ist, was Schiller sagt: „Und setzet ihr nicht das Leben ein, nie wird euch das Leben gewonnen sein", und daß allzuviel Vorsicht Torheit wäre. Ich verhehle mir auch nicht, daß Ingenieur zu werden wohl zunächst ein sicheres Brot wäre, und der Gedanke tut mir leid, daß ich doch auf diesem Wege viel länger Deine Hilfe, lieber Papa, in Anspruch nehmen müßte wie auf dem andern, aller Voraussicht nach, aber alledem steht das eine gegenüber, daß ich fühle, wie ich mich den Naturwissenschaften doch ganz und mit Begeisterung widmen könnte und mir auch mit ihnen genug geschähe, während ich doch jetzt einsehe, daß das, was man die Ingenieurwissenschaften nennt, mir nicht genügt und ich daher immer nach anderer Beschäftigung suche und wie mir jetzt scheint, dies auch der Grund ist, weshalb ich so fort und fort von einer Schule zur andern ziehe. Ich hoffe, daß ich mich hierin nicht täusche, denn es wäre eine große verderbliche Selbsttäuschung; aber das weiß ich gewiß, daß ich mich bei den Naturwissenschaften nicht zurücksehnen würde nach den Ingenieurwissenschaften, daß ich aber, wenn ich Ingenieur werde, mich immer nach den Naturwissenschaften sehnen werde, und es scheint mir unerträglich, daß sie mir nur dienen soll, um ein Examen zu machen. Wenn ich zurückdenke, so finde ich auch, daß ich zehnmal mehr Aufmunterung hatte, Naturwissenschaft zu studieren als Ingenieur zu werden, und ob schließlich ich als solcher durch meine vielleicht etwas größere mathematische Bildung einen Vorzug vor andern hätte, ist mir auch zweifelhaft; es scheint mir, als ob schließlich doch viel mehr auf praktischen Sinn, Erfahrung und die Kenntnis von Daten und Formeln, die mich, weil zufällig, nicht interessieren, ankommt, wenigstens für die ersten zehn Jahre der Praxis. Dies alles und vieles andere habe ich weidlich überlegt und werde es auch weiter überlegen, bis ich Antwort von Euch erhalte, und alles in allem komme ich zu dem Resultat, daß es wohl manchen praktischen und handgreiflichen Nutzen hätte, Ingenieur zu werden, aber daß damit doch eine Art Selbstverleugnung und Entsagung verbunden wäre, zu der ich mich nicht zwingen sollte, wenn nicht äußere Gründe mich zwingen. Und so bitte ich Dich, lieber Papa, nicht sowohl um Deinen Rat, als um Deine Entscheidung, denn Rat brauche ich nicht mehr, und es ist auch nicht mehr Zeit, lange zu beraten; aber wenn Du mir sagst, ich solle Naturwissenschaften studieren, so werde ich dies als ein großes Geschenk von Dir annehmen, und was dann Fleiß und Liebe zur Sache tun können, das werden sie tun; und ich glaube auch, Du wirst diese Entscheidung geben; denn einmal hast Du mir noch nie einen Stein in den Weg legen wollen, und zweitens schienst Du es selber manchmal lieber zu sehen, wenn ich Naturwissenschaften studierte; wenn Du es aber für mein Bestes hältst, wenn ich den einmal eingeschlagenen Weg verfolge (was ich jetzt nicht mehr glaube), so werde ich auch dies tun, und zwar ganz voll, denn ich bin das Zweifeln und Zaudern jetzt satt, und wenn ich so fortfahre wie bisher, so bleibe ich ewig auf dem alten Fleck. Jetzt oder gar nicht, noch mehr Zeit will ich nicht verlieren, die verlorene Zeit reut mich genug. Und gib bitte Deine Antwort bald, denn Montag, den 5., fangen die meisten Kollegien an, und viel Zeit ist nicht zu verlieren. Ich glaube, ich weiß schon, wie sie ausfällt. Fällt sie aus, wie ich wünsche, so ist der praktische Weg einfach folgender: Ich gehe zu den Professoren und bitte sie, mich aus ihren Inskriptionslisten zu streichen (die amtliche Inskription habe ich noch nicht vollzogen, so daß die ziemlich beträchtlichen Kollegiengelder wenigstens nicht verloren sind), lasse mich auf der Universität immatrikulieren und gehe zum Professor der Physik am Polytechnikum oder auf der Universität und bitte sie um Rat, wie ich meine Zeit einteile und welchen Gang ich am besten verfolge. Das andere findet sich dann später. Es ist eben noch Zeit. Also warte ich auf baldige Antwort und werde bis dahin mir selbst noch weiter überlegen. [4, S. 48 ff.]

Mit diesem Tage war seine endgültige Entscheidung gefällt worden, den Weg zum Naturforscher einzuschlagen. Umgehend traf nun die Zustimmung der Eltern zum Studium der Naturwissenschaften ein. Heinrich antwortete am 7. November 1877, nochmals seinen Entschluß begründend, mit Dankbarkeit und voller Befriedigung:

Aber jetzt wird es mir immer klarer, daß das jetzt Ergriffene das für meine Neigung einzig Richtige ist und daß ich mich früher getäuscht habe; ich möchte ganz gerne Ingenieur werden, aber auch ganz gerne Buchbinder oder Drechsler oder alles ordentliche werden, es ist aber doch ein Unterschied zwischen gern und gern. [4, S. 52 f.]

Er ließ sich sofort an der Universität immatrikulieren, ging zu Philipp von Jolly, um sich vorzustellen und seinen Rat zu erbitten. Von Jolly, Professor der Mathematik und Physik in Heidelberg und München, der auch Plancks Lehrer war, wies ihn auf grundlegende Quellen der Naturwissenschaften hin, nannte ihm vor allem Werke von Lagrange, Laplace und weiteren bedeutenden Klassikern der exakten Wissenschaften, die ihm beim tieferen Eindringen in die gegenwärtigen Probleme der Naturwissenschaften von Nutzen sein würden, insbesondere auch die Geschichte der Naturwissenschaften sollte er mit Aufmerksamkeit studieren. Jolly war als Universitätslehrer auch Praktiker, entwickelte die nach ihm benannte Federwaage zum Bestimmen der Dichte fester Körper und führte unter anderem Verbesserungen am Luftthermometer ein.

Hertz stürzte sich in die Arbeit und erkannte bald die ungeheure Fülle des Stoffs, die zu bewältigen war, blieb aber glücklich, sich endlich ganz und gar dem Studium der Naturwissenschaften hingeben zu können. Besonderen Gewinn schöpfte er aus Physikvorlesungen bei von Jolly sowie aus Mathematikkollegien beim Privatdozenten Alfred Pringsheim über elliptische Funktionen, einem Kapitel der höheren und höchsten Mathematik – woran übrigens nur drei Hörer teilnahmen. Pringsheim, der sehr gut und klar las, hielt nach Hertz das einzige Kolleg aus der „wirklich höheren Mathematik". Hertz vertiefte sich aber in viele andere Fächer wie Zoologie, Botanik, Mineralogie, Astronomie, nichteuklidische Geometrie, weitere Spezialgebiete vor allem der Mathematik und Physik, darunter Wahrscheinlichkeitsrechnung, studierte Wüllners Experimentalphysik, Newtons Werke, Arbeiten von Leibniz, ferner scholastische Bücher, die ihn allerdings mehr ergötzten als ihm Wissen vermittelten, wie er es aus den anderen Studien gewann, die ihn tiefer in die jeweiligen Probleme einführten.

Dabei kommen, wenn man weitergeht, immer mehr Fragen und immer weniger Antworten zum Vorschein; denn nur das bereits Erklärte bekommt der Laie zu hören. Aber ... gerade das Aufklären macht Freude, die erklärte Natur kommt mir fast weniger schön vor als die unerklärte,

das war eine der Folgerungen während seiner Münchner Studienzeit. Besonders intensiv studierte er Mathematik und die Geschichte ihrer Probleme sowie Grundbegriffe der Physik:

Ich habe, glaube ich, das schon erreicht, daß ich wenigstens von jedem Gebiet der Mathematik eine Ahnung habe, womit es sich beschäftigt, so daß mir kein fremdes unerhörtes Wort mehr aufstößt; das war mir früher immer besonders schrecklich, wenn ich merkte, es gibt Teile der Mathematik, von welchen ich noch nie etwas gehört hatte, so daß ich auch nicht wußte, wieviel solcher Teile es noch gibt. Sehr viel Zeit verliere ich auch noch durch eigenes Probieren, indem ich für die Aufgaben einfachere Lösungen und für die Sätze einfachere Beweise suche, und wenn ich dann solche finde, so finde ich sie gewöhnlich ein paar Tage darauf auch schon in irgend einem Buche, so daß ich ruhig hätte weiterlesen können; ich kann mich dessen aber nicht enthalten, und es wird mir auch der Sinn vieler Sätze und ihrer Beweise dadurch bedeutend klarer. Dann brauche ich auch viel Zeit, um über die Sachen nachzudenken, und gerade die Prinzipien der Mechanik, wie schon die Worte Kraft, Zeit, Raum, Bewegung sagen, können einen hart genug beschäftigen, ebenso in der Mathematik die Bedeutung der imaginären Größen, des unendlich Kleinen und Großen und ähnliches. [4. S. 59 f.]

Die Gründlichkeit des Studiums behinderte zwar ein schnelles Vorankommen wie bei einem bloßen Lesen des Stoffs, doch diese Anstrengung machte ihn glücklich, brauchte er ja nicht mehr nur für ein Examen zu „ochsen". Die Bücher, die er viel benutzte, würde er gern in die Ecke geworfen haben, wären an ihrer Stelle Menschen um ihn, von denen er mehr erfahren könnte als aus den Büchern. Noch ein Problem beschäftigte ihn damals: Er glaubte nicht, daß es zu jener Zeit möglich sei, noch große Entdeckungen zu machen:

Es tut mir wirklich manchmal leid, daß ich nicht damals gelebt habe, wo es noch so viel Neues gab; es gibt zwar auch jetzt genug Unbekanntes, aber ich glaube nicht, daß noch jetzt leicht etwas gefunden werden kann, was so umgestaltend auf die ganze Anschauungsweise einwirken kann wie in jener Zeit, wo Teleskop und Mikroskop noch neu waren. [4, S. 64]

Diese Auffassung scheint durch seinen Münchner Lehrer geprägt worden zu sein: Wie manch anderer Gelehrter jener Zeit vertrat von Jolly die Meinung, alles Wesentliche sei erkannt. Nachdem die große Geschlossenheit der physikalischen Theorie zu der außerordentlichen Leistungsfähigkeit geführt habe, alle Gebiete der Technik so nachhaltig zu befruchten und Produktionsverfahren ständig zu verbessern, könne man mit großen Entdeckungen nicht mehr rechnen. Philipp von Jolly hat zum Beispiel seinem Schüler Max Planck auf dessen Frage, ob es sinnvoll sei, theoretische Physik zu studieren, geraten, vielleicht doch besser davon Abstand zu nehmen, weil es sich, da alles Erforschliche erforscht sei, doch nicht mehr recht lohne. Die theoretische Physik sei zwar ein ganz schönes Gebiet, er glaube aber nicht, daß es noch wirklich Großes zu entdecken gäbe. – In Wirklichkeit aber gelang es sowohl Heinrich Hertz als auch Max Planck wie vielen anderen Forschern schon bald darauf, ganz außerordentlich Neues zu entdecken. Ihre bahnbrechenden Arbeiten waren Ausgangspunkt und sind Bestandteile der modernen Physik des 20. Jahrhunderts.

Nach einem intensiv betriebenen Studienjahr in München schien es Heinrich Hertz, hier die Grenzen des Weiterkommens in den Naturwissenschaften erreicht zu haben, und er wandte sich an Philipp von Jolly mit der Bitte, ihm andere Möglichkeiten zu empfehlen. Dieser riet ihm zu den Universitäten von Leipzig oder Berlin oder Bonn. Hertz schätzte den sehr bekannten Bonner Physiker Rudolf Clausius, ihm selbst aber lag die Thermodynamik nicht nahe genug. So zog er von vornherein Leipzig oder Berlin in Betracht, entschied sich dann für Hermann von Helmholtz und Gustav Robert Kirchhoff in Berlin. In diesem Entschluß bestärkt haben mögen ihn wohl die während der Ferien im August 1878 gemachten Versuche mit Fernwirkungen eines Magneten, die ihn an einen Problembereich heranführten, dem er sich mit besonderem Interesse zugewandt hatte. Beeindruckt davon, zu „sehen", wie die Fernwirkungen eines Magneten durch verschiedene Medien hindurchwirkten, als sei nichts dazwischen, hatte er am 21. August 1878 notiert:

Heute bin ich mit einem Hauptapparat, der Tangentenbussole, fertig geworden. Da dieselbe zum Hauptteile in einem sehr beweglich aufgehängten kleinen Magnet besteht, so hatte ich heute nachmittag beim Probieren Gelegenheit, einige Versuche über die Fernwirkungen eines Magneten zu machen, und dieselben überraschen, um nicht zu sagen entzücken einen immer wieder von neuem, so oft man sie auch gesehen hat. Ich legte zum Beispiel Ernst Albrechts Magneten in ein ganz entferntes Bett; so oft ich seine Lage änderte, ging die Skala im Fernrohr auf einen anderen Strich, obgleich der kleine Magnet auch im Wasser hängt und außerdem ganz von Glas und Holz eingeschlossen war, aber sie wirkten, als ob nichts dazwischen wäre. Ihr seht, ich komme schon auf diese Geschichten, das ist das Zeichen, daß ich nichts anderes mehr zu erzählen habe. [4, S. 70]

Damit hatte seine Forschungsrichtung klare Konturen angenommen.

An der Berliner Universität und in Kiel

In Berlin und in Kiel bearbeitete Heinrich Hertz eine Vielzahl wissenschaftlicher Probleme. Darunter waren einige, deren Lösungen in der Fachwelt eine gewisse Resonanz fanden. Doch ist all diesen Arbeiten vor allem eines gemeinsam: sie dienten der Vorbereitung auf die später in Karlsruhe und Bonn erzielten Resultate, die ihn weltberühmt machten.

Als Student und Assistent in Berlin (1878–1883)

Als Heinrich Hertz im Oktober 1878 in Berlin eintraf, um sein Studium bei so bekannten Lehrern und Forschern wie Hermann von Helmholtz und Gustav Robert Kirchhoff aufzunehmen, war er bereits mit soliden Kenntnissen in den physikalischen und mathematischen Disziplinen ausgestattet. So begann er bereits als Student im physikalischen Laboratorium der Universität, sich mit der Lösung von Preisaufgaben zu beschäftigen, und seine ersten Schritte waren von Erfolg gekrönt.

Helmholtz erkannte sofort die großen Fähigkeiten des jungen Praktikanten und beeinflußte ihn nachhaltig, indem er sein Interesse in jene Richtung lenkte, in der Hertz seine späteren Erfolge erzielte. Helmholtz leitete Hertz in der wissenschaftlichen Ausbildung behutsam an und förderte ihn in jeder Weise, ohne ihm seine eigenen wissenschaftlichen Gedankengänge aufzudrängen. Hertz sah in Helmholtz ein großes Vorbild, beide blieben ihr ganzes Leben hindurch freundschaftlich miteinander verbunden. Helmholtz sagte später über die Zeit der ersten gemeinsamen Schritte:

Schon während er die elementaren Übungsarbeiten durchführte, sah ich, daß ich es hier mit einem Schüler von ganz ungewöhnlicher Begabung zu tun hatte, und da mir am Ende des Sommersemesters die Aufgabe zufiel, das Thema zu einer physikalischen Preisarbeit für die Studierenden vorzuschlagen, wählte ich eine Frage aus der Elektrodynamik, in der sicheren, nachher auch bestätigten Voraussetzung, daß Hertz sich dafür interessieren und sie mit Erfolg angreifen werde. [3, S. XI f.]

Diese Bemerkung von Helmholtz stammt aus dem Vorwort zur ersten Auflage der „Prinzipien der Mechanik, zusammengestellt in neuem Zusammenhange" von Hertz 1894. Hier schien Helmholtz, wie Lenard in der zweiten deutschsprachigen Auflage von 1910 anmerkt, das Gedächtnis ein wenig „getrügt zu haben". Die physikalische Preisarbeit von 1878 für die Studierenden der Berliner Universität wurde in Wirklichkeit schon Ende des Sommersemesters 1878 gestellt, zu einer Zeit, in der Hertz sich noch gar nicht in Berlin befand, im August 1878.

Die Bemerkung von Helmholtz in der ersten Auflage muß deshalb auf die Preisaufgabe von 1879 bezogen werden, die ebenfalls durch Helmholtz, aber von der Berliner Akademie der Wissenschaften gestellt wurde, die Hertz, wie es Helmholtz erhofft hatte, ebenfalls aufgriff, aber erst rund ein Jahrzehnt später an der Technischen Hochschule in Karlsruhe lösen konnte.

Als Heinrich Hertz im Oktober 1878 einen Blick auf das schwarze Brett der Berliner Universität warf, bemerkte er dort die Preisaufgabe aus dem Sommersemester von 1878, für die sich offensichtlich noch kein Kandidat gefunden hatte. Hertz erkannte sogleich die Möglichkeit ihrer Lösung, sprach mit Helmholtz darüber, der ihn in dieser Absicht bestärkte und auch Vorschläge machte zur Versuchsanordnung. Am 6. November 1878 schrieb Hertz:

Die Preisaufgabe lautet dem Sinne nach: Wenn sich die Elektrizität in den Körpern mit träger Masse bewegte, so würde sich das in der Größe des Extracurrents (der Ströme, welche beim Öffnen und Schließen eines Stromes nebenbei entstehen) unter gewissen Umständen zeigen. Es sollen solche Versuche über die Größe der Extracurrents angestellt werden, aus welchen ein Schluß auf die bewegte träge Masse gezogen werden kann. [4, S. 72]

In der Lösung der Preisaufgabe gibt Hertz eine präzise Antwort und zeigt, daß nur ein Bruchteil des Extrastromes der Wirkung der Trägheit der Elektrizität zuzuschreiben sei. Durch eigene geschicktere Versuchsanordnung als der von Helmholtz vorgeschlagenen konnte er genauere Ergebnisse erreichen. Anerkennend schrieb Helmholtz: „Diese Versuche haben ihm offenbar die ungeheure Beweglichkeit der Elektrizität zur Anschauung gebracht und ihm geholfen, die Wege zu finden, um seine wichtigsten Entdeckungen zu machen." [3, S. XX]
Für diese Arbeit der Messung der Trägerenergie des elektrischen

Stromes erhielt Hertz 1879 den Preis der Universität aus der Hand des Philosophen Eduard Zeller, Rektor der Berliner Universität in jener Zeit. Es war die erste wissenschaftliche Auszeichnung von Heinrich Hertz.

Helmholtz hatte in Berlin unter vielen anderen Forschungsarbeiten die Untersuchungen zur Elektrodynamik mit großer Intensität betrieben. In ihrem Gefolge wurde er bald zu einem Gegner der damals vorherrschenden Lehre von den elektrischen Flüssigkeiten. Er konnte den Widerspruch des von Wilhelm Weber formulierten Grundgesetzes der Elektrodynamik zum Energieerhaltungssatz zeigen. Infolgedessen wandte er sich mehr und mehr den Auffassungen von Michael Faraday und James Clerk Maxwell über den Elektromagnetismus zu und suchte nach Wegen, die Lehre vom elektromagnetischen Feld experimentell zu bestätigen oder zu widerlegen.

Helmholtz erwies sich als wahrhaft großer Lehrer, indem er für diese bedeutungsvolle Aufgabe seinen Schüler Heinrich Hertz zu gewinnen suchte. Er sollte den experimentellen Nachweis erbringen, daß sich entsprechend der Maxwellschen Theorie das Magnetfeld eines ungeschlossenen Stromes nicht von dem eines geschlossenen unterscheidet.

Diese im Vergleich zur ersten inhaltlich weitergehende Aufgabe wurde ebenfalls auf Anregung von Helmholtz von der Berliner Akademie als Preisaufgabe ausgeschrieben. Es ging, wie Helmholtz später im Vorwort zu den „Prinzipien der Mechanik" von Hertz formulierte, darum, nachzuweisen, „ob das Entstehen und Vergehen dielektrischer Polarisation in einem Isolator dieselben elektrodynamischen Wirkungen in der Umgebung hervorbringt, wie ein galvanischer Strom in einem Leiter"; was nach Maxwells Auffassung für seine Theorie entscheidend war.

Diese Preisaufgabe nahm Hertz zunächst jedoch nicht in Angriff. Nachdem er einige Berechnungen vorgenommen hatte, gelangte er zu der Überzeugung, daß die gebräuchlichen Labormittel es nicht erlauben, ausreichende Ergebnisse zu erzielen. Am 4. November 1879 schrieb er darüber seinen Eltern:

Im übrigen war er [Helmholtz] sehr freundlich und gab mir die Versuche an, die er für ausführbar gehalten habe. Aber da diese Versuche mir zu große Mittel zu erfordern schienen und da ich über einfachere Versuche, die ich für möglich hielt, nicht mit ihm reden konnte, so sagte ich, ich möchte mich, einstweilen wenigstens, nicht auf die Sache einlassen und lieber andere Versuche vornehmen. [4, S. 89]

Die experimentelle Untersuchung sollte die Möglichkeit erbringen, zwischen der damals von den meisten Physikern anerkannten Fernwirkungstheorie und der zunächst noch nicht anerkannten Maxwellschen Lichttheorie zu entscheiden, die auf dem Nahwirkungsprinzip basierte.

In der älteren Fernwirkungstheorie wurden alle bekannten elektrischen und magnetischen Erscheinungen auf unmittelbar und ohne zeitliche Veränderung wirkende Fernkräfte zurückgeführt.

In Analogie zum Newtonschen Gravitationsgesetz mußte hier das Coulombsche Gesetz für die zwischen ruhenden Ladungen wirkende elektrische Kraft durch ein allgemeineres Gesetz für die Kraft zwischen beliebig bewegten Ladungen ersetzt werden.

Das von Weber aufgestellte Grundgesetz der Elektrodynamik, nach welchem zwischen zwei beliebigen Ladungen eine Fernkraft wirkt, gestattet unter gewissen Voraussetzungen die Ableitung aller damals bekannten elektromagnetischen Erscheinungen und wurde daher von den meisten Physikern als Grundlage der Elektrodynamik anerkannt.

Bereits Faraday wies in seinen Arbeiten auf den „Raum" hin. In der Theorie von Maxwell, die Faradays Gedanken in mathematischer Formulierung enthält, wird an Stelle der Fernkräfte als eigentlicher Träger elektromagnetischer Erscheinungen der leere Raum angenommen. Elektrische und magnetische Erscheinungen sind nicht mehr nur Rechnungsgrößen, sondern charakterisieren einen physikalischen Zustand des Raumes. Alle elektrodynamischen Erscheinungen sind Folge von Verknüpfungen zwischen elektrischer und magnetischer Feldstärke und ihren räumlichen und zeitlichen Änderungen, die ihren mathematischen Ausdruck im Maxwellschen System von partiellen Differentialgleichungen finden.

Wie in der Fernwirkungstheorie aus dem Weberschen Grundgesetz, sind in der Maxwellschen Theorie alle elektrodynamischen Erscheinungen aus den Gleichungen ableitbar. Bei geschlossenen Strömen stimmen die so erhaltenen Gesetze mit den aus der Fernwirkungstheorie abgeleiteten und aus der Erfahrung gewonnenen überein. Bei ungeschlossenen Strömen führen dagegen beide Theorien zu verschiedenen Ergebnissen. Nach der Maxwellschen Theorie sind nicht die Fernkräfte, sondern ist der zwischen den Ladungen liegende leere Raum der eigentliche Träger elektrischer und magnetischer Wirkungen.

Nach der Fernwirkungstheorie erzeugt ein stromdurchflossener Leiter ein Magnetfeld, während ein Isolator sowie eine isolierende Strecke keinen Beitrag zum Magnetfeld leisten.

Nach der Maxwellschen Theorie dagegen unterscheidet sich das Magnetfeld eines geschlossenen Leiters nicht von dem eines ungeschlossenen Stromes. Den Maxwellschen Gleichungen zufolge erzeugt ein Isolator in einem zeitlich veränderlichen elektrischen Feld ebenso ein Magnetfeld wie ein stromdurchflossener Leiter, und diese Aussage gilt darüber hinaus auch für den leeren Raum. Die Bedeutung dieser Aussage liegt darin, daß sie die Möglichkeit der Ausbreitung elektromagnetischer Wellen durch den Raum hindurch in sich einschließt.

Hertz stand demzufolge vor der Aufgabe, experimentell zu untersuchen und eventuell nachzuweisen, ob ein zeitlich veränderliches elektrisches Feld in seiner Umgebung ein Magnetfeld erzeugt oder nicht, um dann zwischen beiden genannten Theorien entscheiden zu können.

Er schätzte ab, daß mit den vorerst gegebenen Hilfsmitteln kein befriedigender Effekt zu erwarten sei. Die erforderlichen zeitlich genügend schnell veränderlichen elektrischen Felder konnten nur mit Hilfe schneller elektrischer Schwingungen erzeugt werden.

Die schnellsten ihm damals bekannten elektrischen Schwingungen traten bei der Entladung einer Leydener Flasche auf. Damit konnte aber nach seiner Rechnung kein befriedigendes Ergebnis erzielt werden. Daher verzichtete er zunächst darauf, diese Aufgabe zu übernehmen.

Das Problem der Preisaufgabe ließ ihn jedoch seitdem nicht mehr los. Zielstrebig verfolgte er eine spätere Lösung:

Es blieb aber mein Ehrgeiz, die damals aufgegebene Lösung dennoch auf irgendeinem neuen Wege zu finden, zugleich war meine Aufmerksamkeit geschärft für alles, was mit elektrischen Schwingungen zusammenhing. Es war nicht wohl möglich, daß ich eine neue Form solcher Schwingungen übersehen konnte, falls ein glücklicher Zufall mir eine solche in die Hände spielte. [2]

So finden wir es in der Einleitung zum zweiten Band seiner Werke bestätigt.

Gewissermaßen ständig auf der Suche nach schnellen elektrischen Schwingungen griff er in den folgenden Jahren mehr oder weniger erfolgreich eine Vielzahl von Problemen auf. Theoretische Arbeiten und experimentelle Untersuchungen wechselten einander ab und ergänzten einander. Jede noch so zufällige Beobachtung versuchte er hinsichtlich seines großen Zieles zu deuten und auszunutzen.

Am Beispiel von Heinrich Hertz sehen wir, wie Talent nur gepaart mit viel Fleiß und Zielstrebigkeit zu außergewöhnlichen Leistungen führt.

Im Herbst 1879 begann Hertz seine Doktor-Dissertation, „Über die Induktion mit rotierenden Kugeln". Die Versuchsreihen und Auswertungen hierzu nahmen nur wenige Wochen in Anspruch, und schon 14 Tage danach fand das Doktor-Examen statt. Bei dessen Beginn wurde Hertz angesichts der im Senatssaal durch die Beleuchtung hervorgerufenen feierlichen Atmosphäre doch etwas von Unbehagen erfaßt, merkte jedoch bald, daß keine Gefahr bestand, durchzufallen.

Sobald ich anfing unsicher zu werden, beeilten sich die Examinatoren, durch kinderleichte Fragen mich zu ermutigen und auf ein anderes Gebiet überzugehen. In der Philosophie hätte ich glänzen können, wenn Professor Zeller nicht gar zu leicht gefragt hätte [4, S. 93],

schrieb er danach seinen Eltern. Im Prüfungsprotokoll der Berliner Humboldt-Universität lesen wir:

Herr Helmholtz eröffnete die Prüfung im Hauptfache. Er fragte nach den Beobachtungstatsachen, durch welche man zu der Annahme der Undulationstheorie des Lichtes gelangt sei. Der Kandidat beantwortete fast ausnahmslos alle gestellten Fragen mit großer Sicherheit und Klarheit. – Professor Zeller prüfte über vorsokratische, platonische und aristotelische Philosophie und wurde von den Antworten des Kandidaten sehr befriedigt, ebenso Kirchhoff und Kummer.

Am 15. März 1880 wurde ihm das Doktor-Diplom ausgehändigt. Er äußerte seinen Stolz über den „Berliner Doktor", vor dem alles einen heiligen Respekt habe. In demselben ausführlichen Brief an seine Eltern, in dem er von den Sorgen und Nöten vor dem Examen und von der Freude nach bestandenem Examen berichtete, lesen wir auch:

An sich sehe ich freilich überhaupt keinen Grund, auf ein bestandenes Examen stolz zu sein oder sich darüber zu freuen, da man doch durch dasselbe nicht um ein Haar klüger oder besser wird, und mit der Furcht des bösen Ausgangs fällt auch die Freude über den guten fort. [4, S. 94 f.]

Anfang August 1880 bot ihm Helmholtz eine freiwerdende Assistentenstelle an, die Hertz hocherfreut annahm. Hier blieb er zweieinhalb Jahre als Forschungs- und Vorlesungsassistent. Die Berufspflichten nahmen viel Zeit in Anspruch, aber daneben und neben der Anleitung der Praktikanten fand er Zeit zu eigenen Experimenten und zur Publikation der Ergebnisse.

Er befaßte sich mit verschiedenartigsten Problemen, die er mit ungewöhnlichem Fleiß, großer experimenteller Meisterschaft und theoretischem Scharfsinn löste. Die meisten Arbeiten aus jener Zeit, z. B. über Probleme der Thermodynamik und der Elastizitätstheorie, Messungen der Rückstandsbildung des Benzins, Berechnungen über die Bedingungen der Wolkenbildung, Versuche über die Verdampfung des Quecksilbers bis zu Problemen der Meeresströmungen und schwimmender elastischer Platten, blieben jedoch im Vergleich zu späteren Resultaten ohne wesentliche Folgen. Dagegen erlangten die Untersuchungen von Hertz über die Härte fester Körper und deren Oberflächenbestimmung bleibende Bedeutung für die Technik der Werkstoffprüfung.

Von dieser Zeit berichtet Hertz, daß sie ihm wie nie zuvor nur so verfliege, daß er mehrere Arbeiten im Kopfe habe, aber Kopf und Zeit nicht alle Arbeiten zuließen, die er mit den vorhandenen Mitteln zu machen wüßte. Auch die Annehmlichkeiten, insbesondere die Diskussion mit Fachkollegen sowie die Lehr- und Vortragstätigkeit in der Physikalischen Gesellschaft schätzte er sehr.

Und es ist eine so viel angenehmere Art des Lernens, wenn man sich mündlich von den Leuten, die man in jeder Sache für die bestunterrichteten hält, Bescheid holt, als wenn man beständig die leidigen Bücher zu wälzen hat. Auch das Unterrichten ist ja eine vortreffliche Art des Lernens ... beim genauen Durchdenken auch der ganz gewöhnlichen Dinge findet man dann doch immer etwas, was des Aufhebens wert ist [4, S. 108],

so berichtete er am 7. Dezember 1880 seinen Eltern.

Seit dem Sommer 1882 beschäftigte er sich mit Versuchen über die Lichterscheinungen in verdünnten Gasen. Er erkannte, daß dieses Gebiet noch große Bedeutung erlangen könne.

Tatsächlich führte die Arbeit mit Katodenstrahlen, um die es sich hier handelte, in der weiteren Entwicklung u. a. zur Entdeckung der Röntgenstrahlen und zur Enthüllung der Feinstruktur der Materie.

Im Ganzen gesehen diente ihm die Berliner Zeit dazu, seine Kenntnisse und Fähigkeiten zu erweitern bzw. zu vertiefen. Trotz der geschilderten Vorzüge der Berliner Stellung und der engen Beziehungen zu seinem verehrten Lehrer Helmholtz entschied er sich, eine ihm in Kiel angebotene Dozentenstelle anzunehmen, obwohl ihm der Verzicht auf das gut eingerichtete Laboratorium und der Abschied vom Zentrum der physikalischen Forschung und Lehre schwerfiel. In Berlin aber gab es für ihn in absehbarer Zeit keine Aufstiegsmöglichkeit.

So entschloß er sich, wenn auch schweren Herzens, die ihm gebotene Chance wahrzunehmen.

Ich würde verlieren die Verfügung über Arbeitsraum, Apparate, Bücher, die ich hier unbeschränkt besitze. Aber es sind noch andere Dinge, die ich schwer empfinde, wenn ich daran denke, von hier fortzugehen. Ich würde aus einer großen Welt, an die ich gewöhnt bin, mich hineinzufügen haben in eine vermutlich sehr kleine [4, S. 137],

schrieb er am 1. März 1883 wehmütig seinem Vater, kurz vor dem Umzug nach Kiel.

Als Dozent an der Kieler Universität (1883–1885)

Im Frühjahr 1883 übersiedelte Heinrich Hertz von Berlin nach Kiel. Im Mai 1883 habilitierte er sich an seiner neuen Wirkungsstätte mit einer Abhandlung „Über die Glimmentladung" und unterrichtete nun zwei Jahre mathematische Physik. Der Kieler Universitätsbetrieb war in keiner Weise mit dem in Berlin vergleichbar. So klagte Hertz z. B. auch über die geringe Anzahl der Studenten in den Vorlesungen und Seminaren, die überdies auch in Abhängigkeit vom Wetter sehr schwanke. Da er auch nicht experimentieren könne außer in einem in seiner Wohnung von ihm selbst eingerichteten kleinen Labor, verbleibe ihm, so äußerte er nicht ohne grimmigen Humor, wenigstens viel Zeit zum Nachdenken und zum Studium von Fachliteratur. Überdies verstimmte ihn besonders der fehlende Umgang mit Menschen.

Die Tagebuchnotizen jener Zeit weisen fast lückenlos aus, mit welchen Problemen er sich beschäftigte. Großen Raum widmete er wieder den Fragen der Elektrodynamik. Wir finden unter dem 19. Januar 1884 die Tagebuchnotiz: „Elektrodynamische Versuche überlegt", am 27. Januar: „Über elektromagnetische Strahlen nachgedacht", am 11. Mai: „Abends tüchtig Elektrodynamik nach Maxwell", am 13. Mai: „Ausschließlich Elektrodynamik", am 16. Mai: „Den ganzen Tag Elektrodynamik gearbeitet", und schließlich am 30. Mai: „Angefangen, Elektrodynamik aufzuschreiben." So geht es weiter über das ganze Jahr hinweg. Außerdem beschäftigte er sich mit hydrodynamischen und anderen Problemen.

Obwohl er einige Arbeiten veröffentlichen konnte, war er in den Kieler Jahren doch recht unzufrieden. Die Beschränkungen der Mittel und Möglichkeiten erinnerten ihn wehmütig an die Berliner Verhältnisse und riefen eine Stimmung hervor, „die jetzt für mich die Verderberin der Arbeitsfähigkeit ist, nämlich Unzufriedenheit und Ungeduld", wie er am 30. 11. 1884 seinen Eltern schrieb.

In den Kieler Jahren entstand der Eindruck, daß der Stern von Heinrich Hertz, der so hell aufgeleuchtet hatte, niederzugehen drohte. Doch es folgte eine Periode des Schaffens, als deren Ergebnis die Menschheit zahlreiche Früchte ernten konnte.

Am 6. Dezember 1884 hatte Hertz noch aus Kiel seinen Eltern geschrieben, die Unzufriedenheit sei wie „die Seekrankheit, die vergeht, wenn man nur das Land berührt".Dieses Land sollte für ihn bald in Sicht kommen. Unter dem 20. Dezember 1884 trug er in sein Tagebuch ein: „Abends Brief mit Ruf nach Karlsruhe erhalten." Obwohl er dann noch am 28. Dezember aus Kiel geschrieben hatte: „Bis dahin große Abneigung gegen Karlsruhe", heißt es dagegen schon am 29. Dezember: „Das Laboratorium gesehen, ... Wunsch nach Karlsruhe sehr groß."

Die erfolgreiche Karlsruher Zeit (1885–1889)
Entdeckung der Radiowellen

42

Heinrich Hertz reiste Ende März 1885 nach Karlsruhe, wo er an
der Technischen Hochschule seine Tätigkeit als ordentlicher Professor der Physik aufnahm. Ihm stand ein Institut mit einer guten
experimentellen Ausrüstung zur Verfügung. Hier gelangen ihm
seine großen Entdeckungen, und hier begründete er seinen Welt-
ruhm.

7 Technische Hochschule in Karlsruhe mit dem physikalischen Laboratorium
zur Zeit von Heinrich Hertz

Seinen Briefen und Tagebuchnotizen entnehmen wir, wie er sich
zunächst mit allen möglichen Instituts- und Verwaltungsangelegen-
heiten, mit Antrittsbesuchen und Wohnungsproblemen herum-
schlagen mußte, und daß ihm für die eigentliche Forschungsarbeit
wenig Zeit blieb. Sein Unmut hierüber äußerte sich am 21. April

1885 in einem Brief an seine Eltern u. a. in der Bemerkung:
„Wenn ich nicht übers Jahr verheiratet bin, so werde ich in
maßlose Wut geraten", und am 17. Juni in der Überlegung,
ob ich wohl auch so einer werde, der nach Erlangung einer Professur auf-
hört, etwas zu leisten? Es wäre möglich, weniger aus Trägheit als aus großer
Geringschätzung dessen, was etwa bei der Arbeit herauskommen kann.
Hoffen wir indessen, daß es doch anders ausfällt.

Besonders in den Jahren von 1886 bis 1889 zeigte Hertz echte
Neigung zum Forscher und Entdecker, als er, wie Edison sich
ausdrückte, „Versuche mit Funken und Schwingungen" durchführte. Mit diesen Versuchen·bestätigte Hertz experimentell die
theoretische Voraussage der Maxwellschen Theorie über die
Existenz elektromagnetischer Wellen in der Natur, die in ihren
Eigenschaften den Lichtwellen ähneln. Zugleich entdeckte er den
Einfluß des ultravioletten Lichtes auf Funkenlänge und Entladung
und studierte die Grundgesetze dieser Erscheinung, die später als
Photoeffekt bezeichnet wurde. Die Forschungen auf dem Gebiet
der elektromagnetischen Wellen machten ihn selbst weltberühmt
und trugen zur schnellen allgemeinen Anerkennung der Maxwellschen Theorie bei, was in der Folge eine Revolution im physikalischen Weltbild nach sich zog. Die Experimente mit dem „Photoeffekt" riefen eine neue Wissenschaftsentwicklung ins Leben, die
bei der Ausarbeitung der Quantentheorie eine wichtige Rolle
spielte.
Es ist interessant, daß am Beginn der großen wissenschaftlichen
Erfolgsserie seine Verlobung am 12. April und seine Heirat am
31. Juli 1886 mit Elisabeth Doll, der Tochter eines Kollegen,
liegen. Die Verbindung mit seiner Frau, die ihm nun vieles aus
dem Wege räumte, was seine Arbeit behindern konnte, und die
sich auch für seine wissenschaftlichen Probleme interessierte, gab
ihm weiteren Ansporn und Sicherheit.
Im Herbst desselben Jahres, als ihn die Vorlesungen usw. nicht
mehr so stark belasteten, begann er die erfolgreichen Experimente,
die seinen wissenschaftlichen Ruf begründeten.
Zunächst noch unschlüssig, in welcher Richtung er seine Arbeit
fortführen sollte, experimentierte er im Herbst 1886 im Physikalischen Institut mit alten Spulen, die für Vorlesungszwecke
bestimmt waren. Wie so oft bei großen Entdeckungen, kam auch
Hertz der Zufall zu Hilfe: Als er den Entladungsstrom einer

Leydener Flasche über eine Funkenstrecke durch eine dieser
Spulen schickte, bemerkte er an einer anderen in der Nähe liegenden Spirale schwache Funken. Diese Funken waren unter den gegebenen Umständen durch einfache Induktion nicht erklärbar.
Deshalb mußte er stutzig werden. In der Vermutung, es könne
sich hierbei um hochfrequente elektrische Schwingungen (wie man
sie heute nennt) handeln, die er mit Hilfe des „Funkens" anregen
könnte, ging er dieser Erscheinung sogleich nach, um sie eventuell
für die angestrebte Lösung der Preisaufgabe nutzbar zu machen.
Und es gelang ihm nach zahlreichen Versuchen und Versuchs-
anordnungen, sehr schnelle elektrische Schwingungen mit einer
Frequenz von etwa 80 MHz (nach der heutigen Ausdrucksweise)
zu erzeugen. Sie liegen im heute als UKW bezeichneten Bereich.
In einer älteren Abhandlung von W. v. Bezold bemerkte er später,
daß dieser bereits auf das Auftreten von schnellen elektrischen
Schwingungen bei Entladungen geschlossen hatte, und es spricht
für seine Lauterkeit, daß er die Priorität Bezolds ausdrücklich
betont, indem er sich in seiner eigenen Abhandlung über diese
Erscheinungen auf Bezold bezieht. Dieser Verlauf der Dinge
bestätigt die allgemeine Regel, daß herangereifte Fragen und
Probleme (in der Wissenschaft wie in der Politik usw.) zwar
nicht allein von bestimmten Einzelpersönlichkeiten beantwortet
bzw. gelöst werden, daß aber eine profilierte Persönlichkeit auf
die Art und Weise der Beantwortung und Lösung entscheidenden
Einfluß nehmen kann. Zugleich ist die individuelle Tätigkeit und
die Erfolgsaussicht der Persönlichkeit stets abhängig von den
historischen Bedingungen und der konkreten Situation für die
Lösung von Problemen.
In diesem Zusammenhang ist es interessant, daß keiner der
Physiker aus Cambridge, welche an die Maxwellsche Theorie
glaubten, versuchte, sie experimentell zu bestätigen. Fitzgerald,
von dem es eine Arbeit aus dem Jahre 1881 gibt, die die Möglichkeit darlegt, wellenartige Strömungen im Äther mit Hilfe elektrischer Kräfte hervorzurufen, hat sein Ziel nicht erreicht, denn
er ging von einem ausschließlich theoretischen Standpunkt aus.
Nur Lodge, der die Theorie des Blitzableiters verfolgte, hatte
dabei eine Reihe von Versuchen über die Entladungen sehr kleiner
Kondensatoren angestellt, welche ihn auf die Beobachtung von
Schwingungen und Wellen in Drähten führten. Nur Lodge, sagte

Hertz, wäre, wenn es ihm selbst nicht gelungen wäre, die elektrischen Wellen zu entdecken, bestimmt dazu gekommen, weil dieser Physiker vollständig auf dem Boden der Maxwellschen Anschauung gestanden habe und bestrebt gewesen sei, diese Anschauungen zu erweisen [8].

Am 4. Oktober 1886 machte Hertz Versuche über die Induktion bei Flaschenentladungen. Am 25. Oktober schrieb er in sein Tagebuch: „Funkenmikrometer erhalten und Versuche damit angefangen." Am 13. November: „Geglückt, die Induktion zweier ungeschlossener Stromkreise aufeinander darzustellen, Ströme 3 m lang, Abstand 1,5 m"! Am 2. Dezember 1886: „Gelungen, Resonanzerscheinung zwischen zwei elektrischen Schwingungen herzustellen." Am 3. Dezember: „Resonanzerscheinung deutlicher, Schwingungsknoten, deutliche Wirkung auf Funken."

Diese Versuche hatte Hertz durchgeführt, nachdem er beim Experimentieren mit elektrischen Entladungen das Überspringen von Nebenfunken an einer von zwei dicht nebeneinander liegenden, isolierten Spiralen feststellte. Sie bestätigten seine Annahme der Möglichkeit, mit Hilfe einer Funkenstrecke auch eine offene Spule von wenigen Windungen zu regelmäßigen, schnellen elektrischen Schwingungen zu erregen. Am 5. Dezember 1886 teilte er Helmholtz erfreut mit, daß es ihm gelungen sei, die Induktionswirkung eines ungeschlossenen geradlinigen Stroms auf einen anderen ungeschlossenen geradlinigen Strom sehr sichtbar darzustellen, und daß er hoffen dürfe, der betretene Weg werde mit der Zeit die eine oder andere an diese Erscheinung sich knüpfende Frage zu lösen gestatten. Er glaube ferner, daß es ihm gelungen sei, in einem einfachen Drahtsystem stehende Schwingungen mit zwei Schwingungsknoten zu erregen.

Die Versuche mit Schwingungen bestärkten in Hertz die Hoffnung, mit ihrer Hilfe die alte Aufgabe der Berliner Akademie von 1879, die ihm einst Helmholtz gestellt hatte, nun erfolgreich lösen zu können. Damals war er diesem ehrenvollen Angebot ausgewichen, da er keinen zuverlässigen Weg zu seiner Realisierung gesehen hatte. Jetzt glaubte er, das Lösungsverfahren für diese Aufgabe gefunden zu haben. Aber er beschränkte sich hier wiederum nicht nur auf das Einzelproblem, sondern ging darüber hinaus. In der Aufgabe war das Problem gestellt, ob elektrodynamische Vorgänge von Isolatoren beeinflußt werden. Hertz aber wollte

8 Tagebuchblatt von Heinrich Hertz

herausfinden, ob es die in der Maxwellschen Theorie vorausgesagten elektromagnetischen Schwingungen wirklich gibt. In dieser
Richtung setzte er seine Versuche fort. So notierte er am 6. Dezember 1886: „Versuche über die Fernwirkung des Funkens",
am 21. Januar 1887: „Neue quantitative Versuche über die elektrische Resonanz angestellt", am 25. Januar: „Gemerkt, daß das
Licht das Wirksame war in der Fernwirkung der Funken", am
28. Januar: „Angefangen, die Versuche geordnet niederzuschreiben", am 8. Februar: „Niedergeschrieben die Versuche über
Schwingungen", am 19. März (Abb. 8): „Die Schwingungsarbeit
fertig gemacht", und am 23. März 1887: „Arbeit abgeschickt an
Wiedemann. Versuche mit elektrischem Licht gemacht."
Diese Arbeit „Über sehr schnelle elektrische Schwingungen" erschien 1887 in Wiedemanns Annalen, Band 31.
Zu jener Zeit waren schnelle elektrische Schwingungen, die von
Induktionsapparaten und Flaschenentladungen erzeugt werden
konnten, meßbar. An diesen Tatbestand anknüpfend schreibt
Hertz im Zusammenhang mit seinen experimentellen Resultaten
über die damit verbundenen, vermutlich zu erwartenden Konsequenzen:

Schnellere Schwingungen noch als diese läßt die Theorie als möglich voraussehen in gut leitenden ungeschlossenen Drähten, deren Enden nicht durch
große Kapazitäten belastet sind, ohne daß freilich die Theorie zu entscheiden vermöchte, ob solche Schwingungen je in bemerkbarer Stärke tatsächlich

46

erregt werden können. Gewisse Erscheinungen legten mir die Vermutung
nahe, daß Schwingungen der letztgenannten Art unter bestimmten Verhält-
nissen wirklich auftreten, und zwar in solcher Stärke, daß ihre Fernwirkungen der Beobachtung zugänglich werden. Weitere Versuche bestätigten meine
Vermutung, und es soll deshalb über die beobachteten Erscheinungen und
die angestellten Versuche hier berichtet werden.
Die Schwingungen, um welche es sich dabei handeln wird, sind wiederum
etwa hundertmal schneller, als die von Feddersen[1]) beobachteten. Ihre
Schwingungsdauer, freilich nur mit Hilfe der Theorie geschätzt, rechnet nach
Hundertmilliontel der Sekunde. Der Schwingungsdauer nach stellen sich
demnach diese Schwingungen schon in die Mitte zwischen die akustischen
Schwingungen der ponderablen Körper und die Lichtschwingungen des
Äthers. Hierin und in der Möglichkeit, daß ihre nähere Beobachtung für die
Theorie der Elektrodynamik nützlich werden kann, liegt das Interesse, wel-
ches sie bieten. [10, S. 32 f.]

Hiermit grenzte Hertz seine bisherigen Resultate ab, legte aber
zugleich die Richtung weiterer planmäßiger Forschungen fest:

Eine weitere Anwendung der Theorie auf die vorliegenden Erscheinungen
dürfte erst dann nutzbringend sein, wenn es gelingen sollte, auf irgend eine
Weise die Schwingungsdauern direkt zu messen. Eine solche Messung würde
mehr als eine Bestätigung der Theorie, sie würde eine Erweiterung derselben mit sich bringen. Die Absicht der vorliegenden Arbeit beschränkt sich
darauf, zu zeigen, daß und auf welche Weise auch in kurzen metallischen
Leitern die diesen Leitern eigentümlichen Schwingungen erregt werden
können. [10, S. 63]

Zur gleichen Zeit führte er Versuche mit „elektrischem Licht"
(wie er es abkürzend nannte) durch. Darüber schrieb er am
1. Mai 1887 hocherfreut seinen Eltern: „Ich arbeite jetzt eifrig,
kein Tag ohne einen kleinen Fortschritt, ich hoffe jetzt die längste
Zeit ohne einige Frucht gewesen zu sein." In sein Tagebuch schrieb
er in den folgenden Wochen: am 5. Mai: „Experimentiert über
die Wirkung verschiedener Lichtarten", am 9. Mai: „Versuche
über den Einfluß des Lichtes auf das Entladungspotential elektro-
statisch geladener Körper", am 17. Mai: „Letzte Versuche über
den Einfluß der Funken auf das Entladungspotential." Schließlich
sandte er am 27. Mai 1887 als Resultat dieser Versuche die Arbeit
„Über einen Einfluß des ultravioletten Lichtes auf die elektrische
Entladung", die sich mit einer bei einigen Funkenversuchen auf-
getretenen Nebenerscheinung beschäftigte, ab. Sie wurde in den

---

[1]) Berend Wilhelm Feddersen entdeckte die erste Methode, gedämpfte elektrische Schwingungen herzustellen.

Sitzungsberichten der Berliner Akademie der Wissenschaften vom
9. Juni 1887 abgedruckt.

Diese Jahre waren die fruchtbarsten Schaffensjahre für Heinrich
Hertz. In den Versuchen gelang ihm vieles. Er erhielt auf Grund
des unzulänglichen Versuchsraumes mitunter auch verfälschte Ergebnisse. Dies wissend, wiederholte er immer wieder mit neuen
Versuchsbedingungen die gleichen Versuche und führte reihen-
weise Kontrollversuche durch, bevor er sich entschloß, die Resultate zur Veröffentlichung einzureichen. Am 5. November 1887
konnte er die Arbeit „Über Induktionserscheinungen, hervorgerufen durch die elektrischen Vorgänge in Isolatoren" abschließen.
Er schickte sie an Helmholtz mit der Bitte, sie der

Akademie vorzulegen und wenn möglich auch in den Sitzungsberichten zum
Abdruck gelangen zu lassen ... Ich glaube, daß die hier benutzten elektrischen Schwingungen noch sehr nützlich für die Elektrodynamik ungeschlossener Ströme werden können, ja ich habe schon einige Schritte zu weiterer
Anwendung gemacht. [4, S. 179]

Helmholtz antwortete erfreut sofort mit einer Karte (Abb. 9.):
„Manuskript erhalten. Bravo! Werde es Donnerstag überreichen
zum Druck. H. v. Htz."

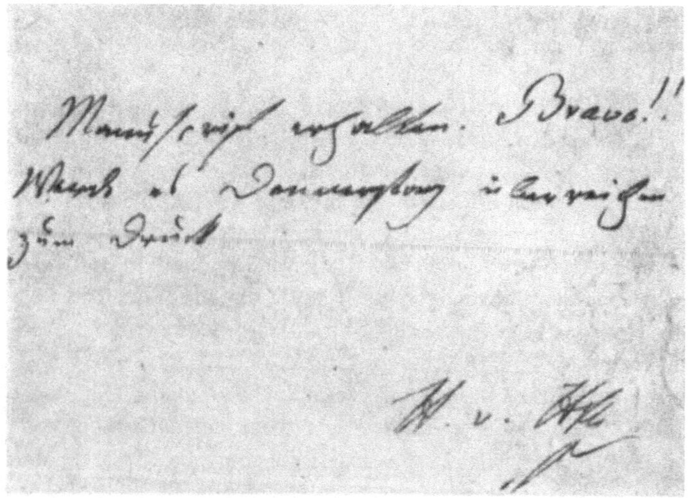

9 Postkarte von Helmholtz an Heinrich Hertz vom 7. 11. 1887

Frau Elisabeth Hertz berichtete aus dieser Zeit, daß die Zustimmung von Helmholtz ihnen große Freude bereitete, aber ihr Mann sofort mit neuen Versuchen begonnen hätte:

Als er abends nach Hause kam, sagte er mir, er habe die Apparate aufgestellt, versucht, und innerhalb einer Viertelstunde seien ihm schon wieder die schönsten Versuche gelungen: er habe eine neue Arbeit schon so gut wie fertig, und diese sei noch schöner als die abgeschickte. Er schüttelt die schönen Sachen, gegenwärtig nur so aus dem Ärmel. [4, S. 180]

Diese neue Arbeit schloß sich an die Schwingungsarbeit vom Frühjahr an. Am 12. November 1887 notierte er: „Versuche über die Ausbreitungsgeschwindigkeit der elektrodynamischen Wirkung angestellt. Entgegen der Vermutung ergibt sich eine unendliche Geschwindigkeit." Natürlich resultierte das Ergebnis einer unendlichen Ausbreitungsgeschwindigkeit aus den störenden Einflüssen der vorhandenen Versuchsbedingungen. Später erhielt Hertz genauere Ergebnisse.

Die Arbeit über Induktionserscheinungen enthielt die Lösung der Preisaufgabe der Akademie von 1879, den Nachweis, daß sich in einem Isolator, entsprechend den Anschauungen von Faraday und Maxwell, elektromagnetische Vorgänge vollziehen können.

Die Erfolgsserie, in der sich Hertz befand, brach nun nicht ab. Häufig nahm er in dieser Zeit seine Frau mit ins Laboratorium, wollte er doch, daß sie daran teilhatte, wie es ihm gelang, in wissenschaftliches Neuland vorzustoßen. Als Tochter eines Mathematiker-Kollegen konnte sie seine Begeisterung für die Forschung mitempfinden und ihm in seinen Gedankengängen folgen. Ihre Anwesenheit, Unterstützung und Verläßlichkeit, ihr Verständnis und Vertrauen förderten die Harmonie und beflügelten seine Kräfte bei seiner experimentellen und theoretischen Arbeit.

Im Zusammenhang mit den Versuchen stellte er insbesondere Überlegungen über die Maxwellsche Theorie an. Aber er erhielt zunächst immer noch Ergebnisse, die sich nicht in die Theorie einordnen ließen. In einem Brief an Helmholtz vom 8. Dezember 1887 schreibt er:

Es ist mir auch gelungen, Interferenzen herzustellen zwischen den Wirkungen, welche sich durch den Draht, und denen, welche sich durch den Luftraum fortpflanzen. Ich hoffe dadurch eine endliche Ausbreitungsgeschwindigkeit der letzteren Wirkungen nachzuweisen. Aber bisher sind die Versuche durchaus so verlaufen, als breiteten sich die Wirkungen durch die Luft viel-

mals schneller als durch die Drähte, also auch schneller als das Licht aus.
[4, S. 183]

Ein Zeugnis für seine Gewissenhaftigkeit, mit der er alle Ergebnisse immer und immer wieder prüfte, legt der Schluß dieses Briefes ab: „Freilich muß ich diese Versuche noch wiederholen und hoffe sie auch verfeinern zu können, ehe ich in dieser Hinsicht meiner Sache sicher bin." [4, S. 183]

Die Durchführung der Versuche war sehr mühevoll. Sie konnten nur im größten Raum des Instituts, dem Auditorium, durchgeführt werden. Hertz nutzte insbesondere den vorlesungsfreien Samstag, aber auch da reichte die Zeit nicht aus. Kaum waren die Apparaturen aufgebaut, neigte sich auch schon der Tag seinem Ende zu. Aber mit der Hilfe des Mechanikers wurden immer wieder die entsprechenden Versuchsbedingungen geschaffen. Über diese Versuche heißt es am 16. Dezember 1887 in seinem Tagebuch: „Wieder an Experimente gegangen und Lücken auszufüllen begonnen", und am 22. Dezember: „Experimentiert. Einfluß der Phase im Draht. Gründliche Versuche über die Ausbreitungsgeschwindigkeit der elektrischen Wirkungen", am 29. Dezember: „Experimentiert. Schattenwirkung von Blechen, Reflexion von der Wand" usw., am 30. Dezember, „Wirkung durch den Hörsaal verfolgt." Bei der Versuchsanordnung waren jeweils alle abnehmbaren metallischen Gegenstände im Raum beseitigt worden. Über das Gestühl wurde ein Laufsteg gelegt, auf dem Hertz mit seinem Meßinstrument, einem Drahtkreis von 30 cm Durchmesser, hin und her ging. Eine 4 m hohe, an der Wand befestigte Zinkplatte diente als Spiegel für die elektrischen Wellen.

Am 1. Januar 1888 hatte Hertz zunächst seinen Eltern von seinem größten Erfolg berichtet, dessen er sich nun sicher fühlte (Abb. 10):

Ich habe die Woche Tag für Tag gearbeitet und die Zeit benutzt, wo ich das große Auditorium und den ganzen Tag zur Verfügung hatte. Meine Resultate sind deutlichere und wichtigere, als ich vor einem halben Jahre irgend zu hoffen gewagt hätte ... Die Frage, um welche sich die Sache dreht, ist der Nachweis, daß sich die elektromagnetischen Wirkungen, sagen wir der Einfachheit halber die elektrischen Wirkungen, durch den Luftraum überhaupt mit endlicher, bestimmter, nachweisbarer Geschwindigkeit ausbreiten, also nicht als unmittelbare Fernwirkungen ohne Zeitverbrauch. Da die Geschwindigkeit kaum kleiner als die des Lichtes, 300 Millionen Meter in der Sekunde, ist und die Wirkungen früher kaum auf einige Meter wahrgenom-

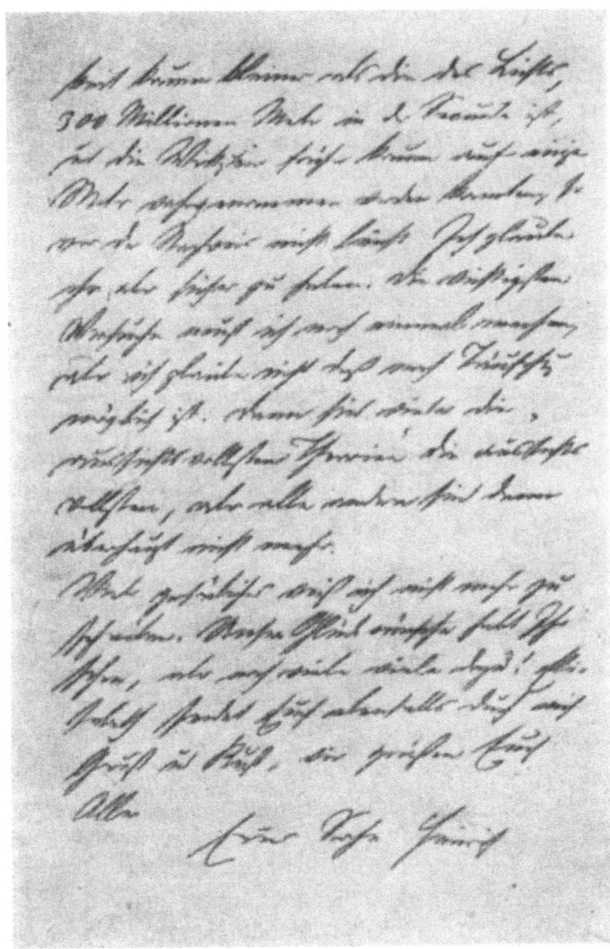

10 Letzte Seite des Briefes vom 1. Januar 1888 an die Eltern

men werden konnten, so war der Nachweis nicht leicht. Ich glaube ihn aber sicher zu haben. Dann sind wieder die „aussichtsvollsten Theorien" die aussichtsvollsten, aber alle andern sind dann überhaupt nicht mehr. [4, S. 185 f.]

Am 21. Januar 1888 schickte er das Ergebnis dieser Versuche, die Arbeit „Über die Ausbreitungsgeschwindigkeit der elektrodynamischen Wirkungen" an Helmholtz. Sie wurde in den

Sitzungsberichten der Berliner Akademie der Wissenschaften vom
2. Februar 1888 veröffentlicht. Die Fachwelt begann aufzuhorchen.
Tagebuch und Briefe berichten von der Anerkennung der Fachwelt und von weiteren Versuchen, die der genaueren Bestimmung
der bisher erhaltenen Resultate dienten. Im März 1888 schreibt
er seinen Eltern mit stolzer Genugtuung von dem befriedigenden
Gefühl, das ihn in dem nun während der Ferien für Versuchszwecke zur Verfügung stehenden Hörsaal zu weiteren Experimenten beflügelte, bei denen er, jetzt schon in dem sicheren Gefühl,
physikalisches Neuland zu erschließen, zu direkteren und deutlicheren Ergebnissen kommen konnte als bei früheren Versuchen:

Ich habe jetzt die Annehmlichkeit bei der Arbeit, mich sozusagen auf eigenem Grund und Boden zu fühlen und fast sicher zu sein, daß es sich nicht
um einen ängstlichen Wettlauf handelt und daß ich auch nicht auf einmal
in der Literatur finde, ein anderer habe das längst gemacht. Hier fängt
eigentlich erst das Vergnügen des Forschens an, wo man mit der Natur sozusagen allein ist und nicht mehr über menschliche Meinungen, Ansichten
oder Ansprüche disputiert. Das philologische Moment fällt fort, und das
philosophische bleibt allein übrig. [4, S. 191]

Heinrich Hertz gelang es, stehende elektrische Wellen an geradlinigen Drähten im freien Raum zu erzeugen und nachzuweisen.
Hierzu berichtet er am 19. März 1888: „Ich glaube, daß man die
Wellennatur des Schalles im freien Raum nicht so deutlich vor
die Augen stellen kann wie die Wellennatur dieser elektrodynamischen Ausbreitung." [4, S. 191]
Zunächst erhielt Hertz immer noch Resultate, aus denen er
schließen mußte, sie widersprächen der Maxwellschen Theorie.
Er glaubte sicher zu sein, daß die Ausbreitung durch leitende
Drähte merklich langsamer sei als durch die Luft. Aber die
Resultate befriedigten ihn nicht, und er forschte unentwegt weiter.
Im Prozeß der Messung der Ausbreitungsgeschwindigkeit elektrodynamischer Wirkungen im Luftraum bemerkte er zufällig die
Effekte der Reflexion und der Interferenz und begriff auch ihren
Zusammenhang mit elektrodynamischen Wellen, wie sie in der
Theorie von Maxwell vorausgesagt waren.
Bis zu dieser Zeit deutete er die Resultate seiner Versuche in den
Termini der Induktionserscheinungen, und im Bereich der Elektrodynamik hielt er an der Theorie von Helmholtz fest.

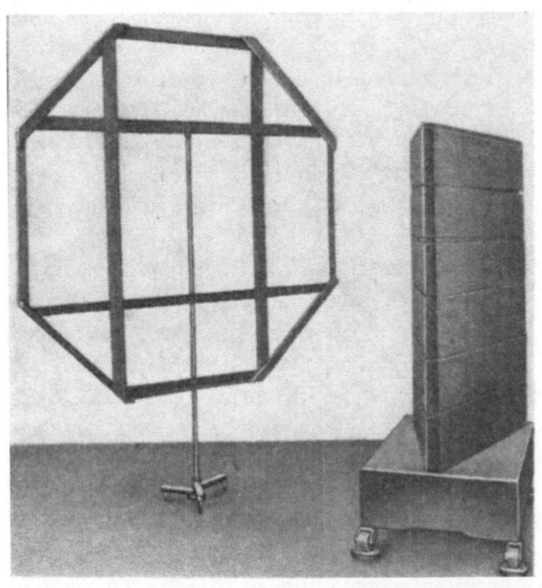

11 Originalapparate, mit denen Heinrich Hertz die elektromagnetischen Wellen erforschte
links: Polarisationsgitter für elektromagnetische Wellen
rechts: Pechprisma zum Nachweis der Brechung elektromagnetischer Wellen

Die berühmten Versuche mit stehenden Wellen im Luftraum und die „optischen" Versuche mit elektrodynamischen Wellen sind jedoch schon im Lichte der Theorie von Maxwell aufgestellt und sind folglich eine zielgerichtete Prüfung der Folgerungen dieser Theorie. Hierin unterscheiden sich diese Versuche gegenüber den ersten Versuchen dieser Serie.
Die Theorie des Elektromagnetismus bestätigte die Vorstellung Faradays, daß alle Naturkräfte untereinander in Beziehung stehen. Sie schien zusammen mit den Hauptsätzen der Thermodynamik auf einen gewissen Abschluß der Physik hinzudeuten. Aber diese Annahme sollte im 20. Jahrhundert gründlich zerschlagen werden.
Isaac Newton hatte mit seinen „Mathematischen Prinzipien der Naturphilosophie" im letzten Viertel des 17. Jahrhunderts der mechanisch-materialistischen Naturanschauung eine vollendete Form gegeben. Nach dieser Auffassung sind alle Naturvorgänge

gesetzmäßige Bewegungen materieller Massenpunkte in Raum und Zeit.

Auf vielen Gebieten, insbesondere in der Astronomie, hatte sich diese „Punktmechanik" bewährt. Doch in manchen Bereichen, so in der Optik, der Elektrizitätslehre, im Magnetismus usw., traten Widersprüche auf. Die am wenigsten befriedigende Stelle in dem von Newton geschaffenen System der klassischen Physik war die Lehre vom Licht.

Newton faßte in seinem System das Licht folgerichtig ebenfalls als eine aus materiellen Punkten bestehende Naturerscheinung auf. Aber es stellte sich die Frage, was bei einer Absorption des Lichts aus den das Licht konstituierenden materiellen Massenpunkten wird. Um bei der Beantwortung Widersprüche zu vermeiden, flüchtete man sich in die Annahme wägbarer und unwägbarer Massenpunkte. Doch diese Lösung war wenig überzeugend.

Auch die Vorstellung von Fernkräften, nach der Magnetismus, Elektrizität und Gravitation Kräfte sein sollten, die mit einer unendlich großen Ausbreitungsgeschwindigkeit durch den leeren Raum hindurch wirken, konnte viele Physiker nicht befriedigen. Diese Auffassung ließ sich in das sachlich-nüchterne mechanisch-materialistische Naturbild schlecht einordnen.

Im Gegensatz zu Newton wollte der holländische Physiker Christiaan Huygens die Natur des Lichtes in einer Lichtwellentheorie erfassen, mit der Annahme, das Licht verbreite sich in Längswellen in einem feinverteilten Stoff von der Energiequelle aus nach allen Seiten wie der Schall in der Luft. Dieser feinverteilte Stoff als Träger der Lichtwellen wurde als Lichtäther bezeichnet. Die Wellentheorie des Lichtes konnte sich aber gegen die Lichtkorpuskeltheorie nur schwer durchsetzen. Hier wirkte sich auch die große Autorität Newtons hemmend aus.

Der englische Physiker Thomas Young und sein französischer Berufskollege Augustin Jean Fresnel vertraten die Auffassung, daß sich das Licht in Form von Querwellen ausbreitet.

Maxwell baute bei seinen Forschungen auf dem Gedankengut von Oersted und Faraday auf.

Der dänische Physiker Hans Christian Oersted hatte entdeckt, daß ein veränderliches elektrisches Feld magnetische Wirkungen hervorruft, und zwar magnetische Felder erzeugt.

Faraday entdeckte, daß eine zeitliche Veränderung von Magnetfeldern in Leitern elektrische Ströme hervorbringt. Die Verknüpfung der elektrischen Erscheinungen mit denen der Elastizität führte Faraday zum Begriff der Kraftlinien. Auf der Grundlage der Kraftlinienvorstellung vermutete er die Wesensverwandtschaft von Elektrizität und Licht. Bestärkt durch seine experimentellen Befunde verwarf er die Vorstellung von unvermittelt wirkenden elektrischen Fernkräften.

Maxwell übersetzte das Faradaysche Kraftlinienmodell in ein mathematisches Modell. Er erfaßte die Vielfalt der elektromagnetischen Erscheinungen in einem System von Differentialgleichungen. Die Aufstellung der elektromagnetischen Lichttheorie durch Maxwell war die größte mathematisch-physikalische Errungenschaft seit der Aufstellung der Newtonschen Gravitationstheorie. Sie war die Zusammenfassung der Ergebnisse von Experimenten und Theorien zweier Generationen von Physikern auf den Gebieten der Elektrizität, des Magnetismus und der Optik in einer einfachen mathematischen Formulierung.

Seit Huygens wurde als mechanischer Träger der Lichtwellen der Lichtäther vermutet. Auf der Grundlage der Annahme eines solchen Äthers ergab sich nunmehr theoretisch die Schlußfolgerung, daß auch elektromagnetische Schwingungen im Raum Wellen erzeugen müßten, aber mit wesentlich niedrigeren Frequenzen als die Schwingungen der Lichtwellen.

Diese geniale Theorie von Maxwell wurde durch eine nicht weniger geniale experimentelle Untersuchung bestätigt. Hertz wies dabei nach, daß die von ihm entdeckten elektrischen Wellen in ihrem Wesen mit den Lichtwellen identisch sind und umgekehrt das Licht eine elektromagnetische Erscheinung ist. Die Trennwand zwischen Licht und Elektrizität war gefallen und damit auch die zwischen den bis dahin selbständigen physikalischen Bereichen der Optik und der Elektrizitätslehre.

Durch diese Experimente, so sagte Ludwig Boltzmann 1890 in seiner Leipziger Antrittsvorlesung, erhielt die „altehrwürdige Theorie der elektrischen Fluida einen Stoß, dem sie auch bald erlag".

Diese Experimente bildeten also einen Ausgangspunkt zur modernen Physik und fanden ihre praktische Anwendung in der drahtlosen Telegraphie mit all den daraus folgenden Konsequenzen.

Hertz selbst kümmerte sich während seiner Forschungen wenig
um die praktischen Konsequenzen seiner Entdeckungen. Die drahtlose Telegraphie konnte erst entstehen, nachdem bessere Voraussetzungen geschaffen worden waren.
Am 13. Dezember 1888 erschien in den Sitzungsberichten der
Berliner Akademie der Wissenschaften die Abhandlung „Über
Strahlen elektrischer Kraft", die zu den eindrucksvollsten Ergebnissen von Heinrich Hertz' Forschungen zählt. Auch diese Arbeit
hatte er zuerst seinem Lehrer Helmholtz übersandt. Sie zeichnet
sich u. a. durch Einfachheit und Anschaulichkeit der Versuchsbe-
schreibungen aus. So berichtet Hertz:

Unmittelbar nachdem es mir geglückt war zu erweisen, daß sich die Wirkung einer elektrischen Schwingung als Welle in den Raum ausbreitet, habe
ich Versuche angestellt, diese Wirkung dadurch zusammenzuhalten und auf
größere Entfernungen bemerkbar zu machen, daß ich den erregenden Leiter
in die Brennlinie eines größeren parabolischen Hohlspiegels aufstellte. Diese
Versuche führten nicht zum Ziel, und ich konnte mir auch klarmachen, daß
der Mißerfolg notwendig bedingt war durch das Mißverhältnis, welches
zwischen der Länge der benutzten Wellen, 4–5 m, und den Dimensionen
bestand, welche ich dem Hohlspiegel im besten Falle zu geben imstande
war. Neuerdings habe ich nun bemerkt, daß sich die von mir beschriebenen
Versuche noch ganz wohl mit Schwingungen anstellen lassen, welche mehr
als zehnmal schneller, und mit Wellen, welche mehr als zehnmal kürzer sind,
als die zuerst aufgefundenen. Ich bin deshalb auf die Benutzung von Hohl-
spiegeln zurückgekommen und habe nunmehr besseren Erfolg gehabt, als
ich zu hoffen wagte. Es gelang mir, deutliche Strahlen elektrischer Kraft zu
erzeugen und mit denselben die elementaren Versuche anzustellen, welche
man mit dem Lichte und der strahlenden Wärme auszuführen gewohnt ist.
[10, S. 80]

Darauf folgt eine ebenso einfache und anschauliche Beschreibung
der Versuchsapparatur, der Erzeugung des Strahles, der geradlinigen Ausbreitung, der Polarisation, der Reflexion und der Brechung. Es wird auch die Gleichartigkeit elektromagnetischer
Wellen mit den Lichtwellen und Wärmestrahlen festgestellt.
In einem Brief von Hertz vom 30. November 1888 an Helmholtz
kommt seine Freude hierüber zum Ausdruck:

Gegenwärtig habe ich indessen einen weiteren Fortschritt gemacht, welcher
die Verbindung zwischen Licht und Elektrizität, wie mir scheint, dauernd
festlegt ... Zunächst zeigte mir ein glücklicher Zufall, daß sich nicht nur
Wellen von mehreren Metern Länge erzeugen lassen, sondern daß sich auch
mit viel kürzeren Wellen arbeiten läßt, wodurch an Bequemlichkeit unendlich gewonnen wird. [4, S. 201]

Diese „Bequemlichkeit" spielt bei der Forschungsarbeit und Erkenntnisgewinnung eine außerordentlich wesentliche Rolle. Sie bedeutet einen Prozeß der ständigen Vereinfachung, Verbesserung, Verfeinerung der experimentellen Geräte und der damit verbundenen steigenden Präzisierung und Genauigkeit der Versuchsergebnisse. So gestattete zum Beispiel in unserem konkreten Falle die Entwicklung der Rundfunktechnik in der Folgezeit, die Hertzschen Anordnungen mit viel größerer Präzision und Reinheit zu wiederholen.

Zur theoretischen Bedeutung der Erfolge seines einstigen Schülers und Assistenten schrieb Helmholtz später rückschauend:

Hertz hat durch diese Arbeiten der Physik neue Anschauungen natürlicher Vorgänge von dem größten Interesse gegeben ... Es ist gewiß eine große Errungenschaft, die vollständigen Beweise dafür geliefert zu haben, daß das Licht, eine so einflußreiche und so geheimnisvolle Naturkraft, einer zweiten ebenso geheimnisvollen, und vielleicht noch beziehungsreicheren Kraft, der Elektrizität, auf das engste verwandt ist. Für die theoretische Wissenschaft ist es vielleicht noch wichtiger, verstehen zu können, wie anscheinende Fernkräfte durch Übertragung der Wirkung von einer Schicht des zwischenliegenden Mediums zur nächsten fortgeleitet werden. [3, S. XXIII]

Für die Maxwellsche Theorie war es von entscheidender Bedeutung, ob das Entstehen und Vergehen dielektrischer Polarisation in einem Leiter dieselben elektrodynamischen Wirkungen in der Umgebung hervorbringt, wie ein galvanischer Strom in einem Leiter.

Faraday und Maxwell hatten dies als möglich oder höchstwahrscheinlich erkannt, aber es fehlten noch die Beweise.

Hertz hat nun in der Tat diese Beweise geliefert. Nur einem ungewöhnlich aufmerksamen Beobachter, der die Tragweite jeder unvermuteten und bis dahin unbeachteten Erscheinung sogleich durchschaut, konnten die höchst unscheinbaren Phänomene auffallen, die ihn auf den richtigen Weg geleitet haben ... Er fand sehr bald die Bedingungen, unter denen er die Oszillationen ungeschlossener Leitungen in solcher Regelmäßigkeit erzielen konnte, daß er ihre Abhängigkeit von den verschiedensten Nebenumständen ermitteln und dadurch die Gesetze ihres Auftretens und sogar den Wert ihrer Wellenlänge in der Luft und ihre Fortpflanzungsgeschwindigkeit ermitteln konnte. Bei dieser ganzen Unternehmung muß man immer wieder den Scharfsinn seiner Überlegungen und sein experimentelles Geschick bewundern, die sich in der glücklichsten Weise ergänzten. [3, S. XXII f.]

Bei den Funkenversuchen war Hertz u. a. auf Erscheinungen gestoßen, deren Ursache nicht das sichtbare Licht sein konnte. Durch

Zerlegung der Strahlung des Funkens mittels eines Quarzprismas hatte er feststellen können, daß der ultraviolette Anteil der Strahlung des Funkens für die beobachtete Wirkung maßgebend ist. Er konnte zeigen, daß der Überschlag einer Funkenstrecke besonders dann erleichtert wird, wenn die negative Elektrode von der Strahlung getroffen wird.

Die Ursache für diese Einwirkung auf die Funkenstrecke entdeckte Wilhelm Hallwachs, Professor der Elektrotechnik und Physik in Dresden. Er wies die Auslösung von Ladungsträgern beim Auftreffen von Licht auf eine Metalloberfläche nach – die nach ihm als Hallwachseffekt bezeichnete Erscheinung. Philipp Lenard, ein Schüler von Hertz, erforschte die Gesetzmäßigkeit der später als Photoeffekt bezeichneten Erscheinung, und die Deutung dieser Gesetzmäßigkeit durch Albert Einstein (1905 Lichtelektrischer Effekt) wiederum war wesentlich für die Grundlegung der Quantentheorie. Das ist eine der Linien, die direkt von Heinrich Hertz zur modernen Physik führt.

Im weiteren Verlaufe der Versuche zur Entscheidung zwischen zwei Theorien hatte Hertz sich trotz vieler immer wieder auftretender Schwierigkeiten die notwendigen Hilfsmittel schaffen können, um eine entscheidende Frage der Elektrodynamik zu beantworten: Er erbrachte den qualitativen Nachweis, daß die Wechselwirkung zwischen Oszillator und Resonator (Sender und Empfänger) durch in die Nähe gebrachte Isolatoren verändert wird und somit Induktionserscheinungen durch elektrische Vorgänge in Isolatoren beeinflußt werden können. Dabei war aber immer noch die wichtigste Frage, ob das auch in einem zeitlich veränderlichen elektrischen Feld im leeren Raum möglich ist, zunächst unbeantwortet geblieben.

Hier half ihm aber schließlich die wichtigste Folgerung der Maxwellschen Theorie weiter, daß elektromagnetische Wirkungen sich mit endlicher Geschwindigkeit ausbreiten. Um weiterzukommen, machte er sich außerdem die damals bereits gesicherte Erkenntnis zunutze, daß sich die sogenannten Drahtwellen praktisch mit Lichtgeschwindigkeit fortpflanzen.

Auf Grund von Interferenzerscheinungen zwischen Drahtwellen und eventuellen elektromagnetischen Erscheinungen im Raum hatte Hertz gehofft, auf deren Geschwindigkeit schließen zu können. Obwohl die Meßergebnisse zunächst weit von der tatsächlichen Geschwindigkeit dieser Wellen entfernt lagen, bedingt durch allerlei Störfaktoren im Versuchsraum, konnte er aber bald mit Sicherheit zunächst schlußfolgern, daß die elektrodynamischen Wirkungen sich mit endlicher Geschwindigkeit durch den Raum ausbreiten. Wiederum bemerkte er bei seinen Versuchen eine Reflexion der Wellen von der Wand und konnte, diese Reflexionserscheinungen in Verbindung mit den Interferenzerscheinungen nutzend, die Ausbreitung von elektromagnetischen Wellen im Raume nachweisen und auch ihre Wellenlängen messen.

1888 hatte er die berühmten Versuche durchgeführt, in denen er Erscheinungen der Reflexion, der Brechung und der Polarisation elektromagnetischer Wellen demonstrierte. Hier konnte er sehr genaue Meßergebnisse erzielen und als eine der wichtigsten Folgerungen aus der Maxwellschen Theorie die Auffassung nachweisen, daß das Licht eine elektromagnetische Erscheinung sehr kleiner Wellenlänge ist.

Indem es ihm gelang, einen Oszillator zu bauen, der elektromagnetische Wellen wesentlich kleinerer Wellenlängen als in seinen früheren Versuchen erzeugte, konnte er zeigen, daß die Grundgesetze der Optik sich auch mit elektromagnetischen Wellen demonstrieren lassen.

Damit war die Entscheidung endgültig zugunsten der Maxwellschen Theorie gefallen.

Von diesem Zeitpunkt an benutzte Hertz nicht mehr die Ausdrucksweise der älteren Theorie, die zwischen elektrostatischen und elektrodynamischen Kräften unterschied, sondern die der Maxwellschen Theorie, in welcher das durch eine elektrische Induktion erzeugte Feld dem durch eine Ladung erzeugten Feld wesensgleich ist.

Die Möglichkeit der Erzeugung elektromagnetischer Wellen im Raum wurde erst gegen Ende des 19. Jahrhunderts zur drahtlosen Übertragung von Signalen (Funk) genutzt. Interessant ist, daß dabei nicht Wissenschaftler, sondern begabte und optimistische Amateure die kühnsten Schritte unternahmen. Jeder Physiker hätte zu dieser Zeit erklärt, es sei unmöglich, elektromagnetische Wellen über größere Entfernungen zu übertragen. Sie würden sich geradlinig wie das Licht von der Erdoberfläche in den Kosmos entfernen, ohne zurückzukehren. Marconi als Amateur versuchte jedoch, drahtlos Signale über den Atlantik zu senden. Und sie wurden auf der anderen Seite empfangen. Es mußte also eine Art Spiegel vorhanden sein, durch den die „Radiowellen" wieder zur Erde reflektiert werden und an Orte gelangen können, die durch die Kugelgestalt unseres Planeten außer Sichtweite liegen. In den zwanziger Jahren widmete sich Sir Edward Appleton dem Studium dieses Phänomens und konnte zeigen, daß Schichten aus Ionen, die durch die Sonnenstrahlung erzeugt werden, in verschiedenen Höhen in der Atmosphäre existieren und die sogenannte Ionosphäre bilden, die für elektromagnetische Wellen bestimmter Länge undurchlässig ist. Diese Erkenntnisse über die Spiegelung von Radiowellen waren u. a. eine wichtige Stufe für die darauffolgende Entwicklung der Radiotechnik und -anwendung.

Dieses Beispiel zeigt die komplizierte Wechselbeziehung zwischen Theorie und Praxis. Erst in der Praxis und durch die Praxis wird eine theoretische Voraussage oder Annahme, eine These bestätigt oder widerlegt.

Die Entdeckung der elektromagnetischen Wellen wurde zur Quelle eines grundlegend neuen und wichtigen Kommunikationsmittels – des Radios. Schließlich wurden wir in den letzten Jahrzehnten Zeugen einer äußerst stürmischen Entwicklung des Fernsehens, welches seinen prinzipiellen Grundlagen nach ebenfalls den Arbeiten von Heinrich Hertz entspringt. Die Radiotechniker benutzen bis heute die von Hertz entwickelte Lösungsmethode für elektrodynamische Probleme. Das System, in das er die Gleichungen von Maxwell brachte, wurde zum Inhalt aller Lehrbücher des Elektromagnetismus.

Die Methoden, mit denen Hertz seine optischen Versuche mit den elektromagnetischen Wellen durchführte, halfen mehr als ein halbes Jahrhundert später die Radio-Astronomie schaffen, mit der eine neue Ära der astronomischen Forschung begann. Die riesigen Radio-Teleskope, mit denen heute kosmische Entfernungen von vielen Milliarden Lichtjahren überbrückt werden, sind nach dem Vorbild der Parabolspiegel gebaut, die Hertz 1888 bei seinen Versuchen im Hörsaal in Karlsruhe benutzte.

Für die Beurteilung der Leistungen und Eigenschaften von Heinrich Hertz ist vor allem die Meinung seines Lehrers und Freundes Hermann v. Helmholtz kompetent. Ein wichtiges Bild vermitteln die Briefe, in denen er Hertz zu dessen Entdeckungen beglückwünscht, und die Gutachten, in denen er wissenschaftliche Fähigkeiten hervorhebt, um seinen einstigen Schüler und Freund übergeordneten Dienststellen zur Einsetzung in wichtige Positionen in Lehre und Forschung zu empfehlen.

Gegen Ende des Jahres 1888 und zu Beginn von 1889 führte Hertz Verhandlungen mit mehreren Universitäten, die ihn auf Grund seines rasch wachsenden wissenschaftlichen Rufs als Lehrer zu gewinnen trachteten.

In Gießen stand die Nachfolge Wilhelm Conrad Röntgens offen, der seinerseits eine Berufung nach Würzburg angenommen hatte. An der Berliner Universität ergab sich die Möglichkeit, die Nachfolge Kirchhoffs anzutreten, der 1887 verstorben war. Dieser Ruf nach Berlin ehrte Hertz besonders, jedoch befürchtete er, dort nicht genügend Zeit für seine Forschungen zu finden. Er wählte daher schließlich die kleinere Universität in Bonn, weil er glaubte, sich hier der Forschungsarbeit mehr widmen zu können.

Helmholtz, der Heinrich Hertz gern in Berlin gesehen hätte, brachte für dessen Entscheidung jedoch volles Verständnis auf. Er schrieb ihm am 15. Dezember 1888 diesbezüglich:

Es tut mir persönlich leid, daß Sie nicht nach Berlin kommen wollen, aber wie ich Ihnen schon früher sagte, ich glaube allerdings, daß Sie in Ihrem eigenen Interesse ganz richtig handeln, wenn Sie Bonn zunächst vorziehen. Wer noch viel wissenschaftliche Aufgaben vor sich sieht, die er angreifen möchte, bleibt den großen Städten besser fern. Am Ende des Lebens, wenn es mehr darauf ankommt, den errungenen Standpunkt für die Heranziehung der neuen Generation und für die Staatsverwaltung zu verwerten, ist es anders.

In einem von Helmholtz anläßlich der Besetzung der Professur für Physik in Bonn verfaßten Gutachten heißt es:

Für den talentvollsten und an originalen Ideen reichsten unter den jüngeren Physikern glaube ich Professor Hertz in Karlsruhe (zur Zeit auch Kandidat für Gießen) ansehen zu müssen. Er war früher kurze Zeit mein Assistent und ist ebenso befähigt, die abstraktesten mathematischen Theorien zu beherrschen, wie die daraus hergeleiteten Fragen experimenteller Art mit großer Geschicklichkeit und Erfindungsgabe in den Methoden zu lösen. Seine letzten Untersuchungen über die Fortpflanzung der elektrodynamischen Wirkungen zeigen ihn als einen Kopf ersten Ranges. [4, S. 262 f.]

Die große Hochachtung für seinen einstigen Schüler und späteren Kollegen drückte Helmholtz nach dem Tode von Hertz, als es um die Besetzung der freigewordenen Stelle ging, folgendermaßen aus:

Bei der Berufung eines Nachfolgers für H. Hertz ist freilich nicht daran zu denken, daß Sie jemanden finden könnten, der diesen einzigen Mann ersetzen könnte, auch würde meines Erachtens kein Grund dafür vorliegen, daß man ihn in seinem besonderen Fache zu vertreten suchen sollte. [4, S. 263]

Auch in den letzten Monaten und Wochen vor dem Umzug nach Bonn versuchte Hertz noch, die begonnenen Versuche und Arbeiten abzuschließen, um die günstigen Bedingungen in Karlsruhe bis zum Schluß zu nutzen. In dieser Zeit wandte er sich wieder der Theorie von Maxwell für die Berechnung eines Feldes zu. Hierbei benutzte er die Methode, die ihm aus seinen ersten theoretischen Arbeiten bekannt war, und Symmetrieüberlegungen zwischen elektrischen und magnetischen Erscheinungen, die er in der Arbeit von 1884 „Über die Beziehungen zwischen den Maxwellschen elektrodynamischen Grundgleichungen und den Grundgleichungen der gegnerischen Elektrodynamik" entwickelt hatte. Die erhaltenen Resultate besitzen bis heute große wissenschaftliche Bedeutung.

Hertz zollte Maxwell Ehrerbietung, indem er die Systematisierung der Grundlagen seiner Theorie in Angriff nahm. Im Februar und März 1889 finden wir häufig die Eintragung in seinem Tagebuch: „Über die Grundgleichungen der Elektrodynamik nachgedacht", am 16. März: „Heftig gerechnet, um eine allgemeinere Fläche als die Fresnelsche Wellenfläche herauszubekommen", am 21. März: „Abends gelingt der Beweis für die verallgemeinerte Wellenfläche", und am fast letzten Tag in Karlsruhe, am 29. März 1889: „Zu Hause geräumt, gearbeitet an der Theorie der Elektrodynamik."

Die noch in Karlsruhe begonnenen Arbeiten baute er in Bonn weiter aus. Er systematisierte und bereinigte die Maxwellsche Theorie für den Fall ruhender Körper und verallgemeinerte noch innerhalb eines Jahres die Maxwellschen Gleichungen für den Fall bewegter Körper. Diese Arbeit bildet in historischer Sicht eine der Quellen der modernen Relativitätstheorie.

Letzte Lebensjahre in Bonn (1889–1.1.1894)

Im April 1889 nimmt Heinrich Hertz seine Tätigkeit als Ordinarius für Physik an der Rheinischen Friedrich-Wilhelm-Universität in Bonn auf. Er bewohnt zunächst nur ein Zimmer, erwirbt aber bald das Haus seines Vorgängers Rudolf Clausius, berühmt durch die Forschungen zur Thermodynamik. Heinrich Hertz wollte nun endlich für sich und seine Familie ein schönes und bleibendes Zuhause einrichten.

Auch in Bonn hatte er anfangs mit mancherlei Schwierigkeiten zu kämpfen. Das Institut gefiel ihm zwar, aber es war „leer und einsam". Vieles mußte neu geordnet werden, und Hertz bemühte sich um „ganz neues Inventar". Das alles kostete viel Zeit und verursachte viel Ärger. Am 7. Juli 1889 schrieb er seinem Vater: „Ich war sehr schlechter Laune alle diese Zeit ... Ungewohntheit, Neuheit, Handwerker, Gesellschaften, Examina, Sitzungen usw." Am 18. Juli finden wir in seinem Tagebuch den Vermerk: „Viel Arbeit mit dem Laboratorium, ohne weiterzukommen." Er erwartete sehnsüchtig die Ferien, um ausspannen zu können. Aber gerade in dieser Zeit erhielt er eine Einladung, auf der Naturforscherversammlung in Heidelberg zu sprechen. Die Abfassung dieses Vortrages bereitete ihm großen Kummer und viel Verdruß. Er befand sich in einem Zustand seelischer Depression, und die Einladung kam ihm äußerst ungelegen. „Hätte ich nur nicht auf der Naturforscherversammlung zu sprechen; so sind die Ferien wieder halbiert", schrieb er am 1. August 1889 an seinen Vater.

Am 16. August notierte er in sein Tagebuch: „Angefangen, am Vortrag für die Naturforscherversammlung zu schreiben, aber er mißglückt", und am 27. August: „Unglücklich über das Nicht-Vorwärtsgehen der Niederschrift", am 2. September: „Ernstlich an meinen Vortrag gegangen, jedoch wieder von vorn angefangen." Noch am 8. September schrieb er seinen Eltern:

Ich bin schon sehr unglücklich, daß ich mir den Vortrag in Heidelberg aufgeladen habe, und doktore mit schwerer, saurer Arbeit und viel Zeitaufwand an ihm herum, und was ich herausbringe, ist dennoch meiner Meinung

12 Heinrich Hertz' Wohnhaus in Bonn

(meiner aufrichtigen Meinung) nach für den Laien unverständlich, für den Fachmann trivial, mir selbst ekelhaft. [4, S. 220]

In einer ungewöhnlich bildhaften Sprache gelang es ihm schließlich, in seinem Vortrag vor der 62. Naturforscher- und Ärzteversammlung 1889 in Heidelberg die wichtigsten Gedanken und allgemeingültigen Folgerungen aus seinen bis dahin erzielten experimentellen Ergebnissen zusammenzufassen.
Er stellt dort die Frage nach den unvermittelten Fernwirkungen

überhaupt, betonend, daß von allen Fernkräften, die wir zu haben glaubten, nur die Gravitation geblieben sei, aber das Gesetz, nach welchem sie wirke, sei ebenfalls verdächtig.

Außer der Aufklärung dieser Frage sei die Hauptaufgabe der künftigen Forschung die Klärung des Wesens der Elektrizität durch die Erforschung der Eigenschaften des raumerfüllenden Mittels, seiner Struktur, seiner Ruhe oder Bewegung, seiner Unendlichkeit oder Begrenztheit usw.

Verstehen wir unter Äther als raumerfüllendem Mittel mit Einstein den leeren Raum als Träger physikalischer Eigenschaften, wie er ihn in seinem Leydener Vortrag „Äther und Relativitätstheorie" nannte, so ist in den Darlegungen von Hertz die sich nach ihm vollziehende Entwicklung in der Physik genial vorausgeahnt.

Obwohl Hertz selbst in Heidelberg noch die „letzte Feile" an seinen Vortrag gelegt hatte, konnte er danach seinen Eltern schreiben: „Dieser lief dann am Freitag vormittag glücklich vom Stapel und hat nach allem, was ich gehört habe, gefallen." [4, S. 222] Dieser Vortrag wurde auch tatsächlich mit starkem Beifall aufgenommen. Er ist ein meisterhaftes Beispiel für eine allgemeinverständliche Darlegung schwieriger und komplizierter Zusammenhänge. Hertz berichtete bis ins einzelne über die von ihm erforschte Übereinstimmung der elektrischen Schwingungen mit dem Licht.

Nach dem Heidelberger Vortrag machte sich Hertz in Bonn sogleich wieder an die Arbeit. Er versuchte „die Metallreflexion aus elektrischer Lichttheorie abzuleiten", arbeitete an den Grundgleichungen der Elektrodynamik, wie aus der Notiz vom 11. Oktober 1889 zu ersehen ist: „in dieser Zeit ununterbrochen gearbeitet an den Grundgleichungen für ruhende Leiter".

Einen Eindruck vom Leben in der Universitätsstadt Bonn, der Geselligkeit und den Menschen aus seiner Umgebung vermittelt Hertz in einem Brief an seine Eltern vom 3. November 1889:

Im ganzen kann man nicht sagen, daß Arbeit und Vergnügen bei uns in behaglicher Folge wechseln, sondern wir werden eher beständig zwischen beiden gehetzt; in dieser Hinsicht muß es hier noch viel besser werden und wird es wohl auch werden. Im einzelnen gefallen uns die Menschen und die Geselligkeit hier sehr gut, und wenn man dieselben Menschen zwei-, dreimal die Woche trifft, so gewinnt die Geselligkeit einen sehr ungenierten,

wenig anstrengenden Charakter, und das hat auch sein Gutes; aber das
viele gute Essen, Trinken und Aufbleiben obsorbiert auch Kraft.
Was die Arbeit anbelangt, so muß ich mich natürlich in dieser Zeit auf die
laufende Arbeit des Semesters beschränken. [4, S. 223]

So finden wir demzufolge erst am 17. Januar wieder eine Eintragung, aus der hervorgeht, daß er sich mit der Forschungsarbeit weiterbeschäftigt: „Geschrieben an den Grundgleichungen der Elektrodynamik", ferner am 7. März 1890: „Stark nachgedacht über die Gleichungen der Elektrodynamik in bewegten Leitern", am 30. März: „Viel nachgedacht in dieser Zeit über die Gleichungen für bewegte Körper", am 29. April 1890: „Experimentelle Arbeiten wieder unterbrochen, da das Semester mich in Anspruch nimmt", und am 28. Juni: „An der Arbeit über bewegte Körper gesessen, die langsam vorrückt." Am 29. September 1890 konnte er in sein Tagebuch eintragen: „Arbeit fertig gemacht über Elektrizität bewegter Körper."
Während Heinrich Hertz in der Arbeit „Über die Grundgleichungen der Elektrodynamik für ruhende Körper" der Maxwellschen Lehre ihre mathematische Vollendung gab, ging er in der Arbeit „Über die Grundgleichungen der Elektrodynamik für bewegte Körper" bereits über Maxwell hinaus und machte erste Schritte in Richtung der Relativitätstheorie.
Im Verlauf des ersten Jahres in Bonn führte Hertz noch verschiedene Experimente durch, jedoch wollten sie ihm nicht mehr so recht von der Hand gehen, so daß er sie allmählich einstellte und sich mehr und mehr theoretischen Problemen zuwandte.
Am 25. Januar 1891 schrieb er resignierend in sein Tagebuch: „Kraftlos zur Arbeit", am 26. Januar: „Erschöpft von den mißlungenen Versuchen", und am 3. Februar 1891: „Großen Überdruß an der physikalischen Arbeit empfunden."
Hier offenbarte sich bereits die Wirkung jener tückischen Krankheit, der Heinrich Hertz kaum drei Jahre später erliegen sollte.
Sein letztes Experiment über Gasentladung ist nicht nur wegen der Resultate, der Entdeckung der Fähigkeit von Katodenstrahlen, dünne Metallschichten zu durchdringen, sondern auch wegen der Begleitumstände von Interesse: Im Prozeß dieser Arbeit beobachtete Hertz nicht nur die künftigen Röntgenstrahlen, sondern möglicherweise auch die künftigen Becquerelschen (radioaktiven) Strahlen.

Seine Entdeckung, daß Katodenstrahlen durch dünne Metallschichten hindurchgehen, ohne ihre Eigenschaften zu verlieren,
sich geradlinig auszubreiten und durch ein Magnetfeld abgelenkt
zu werden, führte über Lenard, der aus dem Verhalten der Katodenstrahlen beim Durchgang durch Materie den Schluß zog, die
gesamte Materie eines Atoms müsse in einem sehr geringen Teil
des Atomvolumens konzentriert sein, in Form des Rutherford
Bohrschen Atommodells zu einer der Grundlagen der heutigen
Atomphysik, in einer anderen Linie zur Entdeckung der Röntgenstrahlen sowie schließlich auch zur Enthüllung der Feinstruktur der Materie.

Bereits vor Abschluß der großen Arbeiten über die Elektrodynamik griff er die Probleme der Mechanik wieder auf, mit denen er
sich schon in der Studentenzeit beschäftigt hatte, wie wir aus dem
Brief an seine Eltern vom 13. Januar 1878 bereits erfahren konnten. Auch der Verlauf dieser Arbeiten läßt sich an seinen Tagebuchnotizen verfolgen. Schon am 19. März 1889 finden wir die
Eintragung: „Mit mechanischen Prinzipien beschäftigt, Hamiltons
Arbeiten", am 29. Juni: „In dieser Zeit über den Zusammenhang
des Gaußschen Prinzips der kleinsten Wirkungen nachgedacht",
am 29. Dezember: „Alle diese Zeit fleißig an den Prinzipien der
Mechanik gearbeitet."

Den Druck dieser Arbeiten konnte Hertz selbst nicht mehr erleben. Die Herausgabe übernahm sein Schüler Lenard. Das Ergebnis der Studien über die Mechanik erschien aus seinem Nachlaß unter dem Titel „Die Prinzipien der Mechanik. In neuem
Zusammenhange dargestellt". Im Vorwort von Lenard heißt es:

Hiermit wird Heinrich Hertz' letztes Werk der Öffentlichkeit übergeben.
Es bringt die Früchte der Arbeit seiner drei letzten Lebensjahre. Nach etwa
einjähriger Arbeit war das Werk in seinen großen Zügen niedergeschrieben;
die anderen beiden Jahre waren dem Ausbau im einzelnen gewidmet. Am
Ende dieser Zeit betrachtete der Verfasser die erste Hälfte des Werkes als
völlig abgeschlossen, die zweite Hälfte als der Hauptsache nach vollendet.
Diese zweite Hälfte noch einmal durchzuarbeiten, war sein Plan ... Kurz
vor seinem Tode übergab der Verfasser selbst den größeren Teil des Manuskriptes der Verlagsbuchhandlung. Zugleich berief er den Unterzeichneten
zu sich und wies ihn an, die Herausgabe zu besorgen, wenn er selbst dies
nicht mehr werde tun können. [3, S. VII]

In dieser Arbeit ging es Hertz darum, zur Klärung des theoretischen Verständnisses der Naturvorgänge beizutragen. Er wollte vor allem die mathematische und erkenntnistheoretische Seite erhellen, nicht die praktischen Erfolge der Mechanik anzweifeln, die sie auf dem Gebiet mechanischer Vorgänge errungen hatte.

Auf dem Gebiet der Elektrodynamik systematisierte Hertz die Maxwellsche Theorie, die von allgemeinen mechanischen Modellen, von mechanischen Spannungen im Äther gemäß den Faradayschen Vorstellungen ausgegangen war und somit schwer verständliche Begriffe und Formulierungen, die aus solchen Modellen abgeleitet waren, enthielt, wodurch sich diese Theorie auf konkrete Fälle nur schwer anwenden ließ.

Das gelang ihm in der Arbeit über Grundgleichungen der Elektrodynamik für ruhende Körper, indem er diese Grundgleichungen nicht aus Vorstellungen über den Äther abzuleiten versuchte, sondern sie als Ergebnis der Erfahrung an den Anfang stellte und zeigte, daß die Gesetze aller bekannten elektrischen und magnetischen Erscheinungen sich aus ihnen ableiten lassen. Heute werden diese Grundgleichungen in Vektorform ausgedrückt, aber sonst bildet die Hertzsche Form immer noch die Grundlage für praktische Berechnungen in der Radiotechnologie.

Für bewegte Körper gelang ihm keine Lösung. Heute wissen wir, daß dieses Problem der Elektrodynamik erst später im Rahmen der Relativitätstheorie gelöst werden konnte.

Die Maxwellsche Theorie hatte neben den damals beobachtbaren Erscheinungen auch Aussagen über nichtbeobachtete enthalten, die von Hertz experimentell nachgewiesen werden konnten. Hertz war es gelungen, durch Weglassen des unklaren Ätherbegriffs und der Äthervorstellungen diese Theorie in eine übersichtliche, logisch geschlossene und für die Anwendung brauchbare Form zu bringen. Es mußte ihm also scheinen, daß etwas ähnliches auch für die Mechanik möglich sei. So wollte er zeigen, daß es möglich sei und wie es etwa aussehen müßte.

Heinrich Hertz war unzufrieden mit den Vorstellungen, wie sie in der Mechanik durch Archimedes, Galilei, Newton, Lagrange u. a. gegeben worden sind, wo die Kraft eingeführt ist als die *vor der Bewegung und unabhängig von der Bewegung bestehende Ursache der Bewegung* [3].

Die Entwicklung des Kraftbegriffs in der Physik verlief über die Auffassung der Kraft als Maß der Bewegung zur Auffassung von der Erhaltung und Umwandlung der Energie.

68

Die auf René Descartes basierende kinetische Auffassung faßte das Maß der Bewegung als Produkt von Masse m und Geschwindigkeit v (Impuls) auf: $m \cdot v$. Die Newtonsche Kraftauffassung wird durch das Produkt von Masse und Beschleunigung definiert. Eine dritte Richtung, repräsentiert von Huygens und Gottfried Wilhelm Leibniz, stellte den Begriff der „lebendigen Kraft" in den Mittelpunkt der Mechanik. Er fungierte auch als Maß der Bewegung, wurde aber als Produkt von Masse und Quadrat der Geschwindigkeit gefaßt: $m \cdot v^2$. Er unterschied sich grundsätzlich von der Newtonschen Kraftauffassung und von dem Descartesschen Maß der Bewegung.

Die Idee der Erhaltung eines bestimmten Maßes der Bewegung in der Mechanik des 17. Jahrhunderts ging von Galileo Galilei aus. Neben dem Begriff der lebendigen Kraft erschien zur gleichen Zeit der Ausdruck Energie, der sich als physikalischer Begriff schon bei dem griechischen Philosophen Aristoteles findet.

Aus dem Begriff der lebendigen Kraft entwickelte sich der Begriff der lebendigen Arbeit, wie ihn Daniel Bernoulli in seiner Hydrodynamik (1738) verwendete.

In der Periode von Leibniz bis Jean Baptiste le Rond d'Alembert bildete sich die Idee der lebendigen Kraft und ihrer Erhaltung heraus. Aber das Problem, ob die lebendige Kraft $m \cdot v^2$ oder die Descartessche Größe $m \cdot v$ als Maß der Bewegung gelten sollte, wurde nicht entschieden, denn das Verhältnis zwischen den Größen $m \cdot v$ und $m \cdot v^2$ war an Beziehungen zwischen Eigenschaften des Raumes und der Zeit geknüpft, die erst durch die Relativitätstheorie geklärt wurden.

Bei Friedrich Engels sind die Begriffe Energie und Impuls mit der Vorstellung von nichtmechanischen Bewegungen und wechselseitigen Übergängen verschiedener Bewegungsarten verbunden, bei denen die Arbeit als Maß der Bewegung erhalten bleibt. In diesem Zusammenhang und gleichzeitig gegen metaphysisches Denken polemisierend schreibt er im Vorwort zum Anti-Dühring zur Ausgabe von 1885:

... die Revolution, die der theoretischen Naturwissenschaft aufgezwungen wird durch die bloße Notwendigkeit, die sich massenhaft häufenden, rein empirischen Entdeckungen zu ordnen, ist der Art, daß sie den dialektischen Charakter der Naturvorgänge mehr und mehr auch dem widerstrebendsten Empiriker zum Bewußtsein bringen muß. Die alten starren Gegensätze, die

scharfen, unüberschreitbaren Grenzlinien verschwinden mehr und mehr ...
Wurde noch vor zehn Jahren das große Grundgesetz der Bewegung gefaßt
als bloßes Gesetz von der *Erhaltung* der Energie, als bloßer Ausdruck der
Unzerstörbarkeit und Unerschaffbarkeit der Bewegung, also bloß nach seiner quantitativen Seite, so wird dieser enge, negative Ausdruck mehr und
mehr verdrängt durch den positiven der *Verwandlung* der Energie, worin
erst der qualitative Inhalt des Prozesses zu seinem Recht kommt und worin
die letzte Erinnerung an einen außerweltlichen Schöpfer ausgelöscht ist. Daß
die Menge der Bewegung (der sogenannten Energie) sich nicht verändert,
wenn sie sich aus kinetischer Energie (sogenannter mechanischer Kraft) in
Elektrizität, Wärme, potentielle Energie der Lage etc. verwandelt und umgekehrt, braucht jetzt nicht mehr als etwas Neues gepredigt zu werden; es
dient als einmal gewonnene Grundlage der nun viel inhaltsvolleren Untersuchung des Verwandlungsprozesses selbst, des großen Grundprozesses, in
dessen Erkenntnis die ganze Erkenntnis der Natur sich zusammenfaßt. Und
seitdem die Biologie mit der Leuchte der Evolutionstheorie betrieben wird,
hat sich auf dem Gebiet der organischen Natur eine starre Grenzlinie der
Klassifikation nach der anderen aufgelöst; ... Es sind aber gerade die als
unversöhnlich und unlösbar vorgestellten polaren Gegensätze, die gewalt-
sam fixierten Grenzlinien und Klassenunterschiede, die der modernen theoretischen Naturwissenschaft ihren beschränkt-metaphysischen Charakter gegeben haben. Die Erkenntnis, daß diese Gegensätze und Unterschiede in der
Natur zwar vorkommen, aber nur mit relativer Gültigkeit, daß dagegen jene
ihre vorgestellte Starrheit und absolute Gültigkeit erst durch unsere Reflexion in die Natur hineingetragen ist — diese Erkenntnis macht den Kern-
punkt der dialektischen Auffassung der Natur aus.

Die von Leonardo da Vinci begonnene Anwendung mathematischer Methoden auf die Lösung mechanischer Probleme sowie die
von Galilei entdeckten Gesetze des freien Falles und ihre mathematische Formulierung, die Entdeckung des Gravitationsgesetzes
durch Newton und die von ihm und Leibniz entwickelte In-
finitesimalrechnung führten zum Ausbau der Mechanik zu einem
umfassenden theoretischen System.
Mit den Arbeiten Galileis und Newtons wurden die Grundlagen
der klassischen Mechanik begründet. Im 18. und 19. Jahrhundert
arbeiteten Leonhard Euler, d'Alembert, Joseph Louis Lagrange,
William Rowan Hamilton u. a., von diesen Grundlagen ausgehend, die analytische Mechanik und ihre grundlegenden mathematischen Methoden aus. Damit schien die Mechanik in hohem
Grade vollkommen und vollendet zu sein. In den Grundgesetzen
und -begriffen der Mechanik waren jedoch zahlreiche Schwierigkeiten eingeschlossen. Sie wurden durch den stürmischen Fort-

schritt der analytischen Mechanik zwar zurückgedrängt, aber nicht beseitigt.

Bis zur entscheidenden Korrektur des physikalischen Inhalts der Grundprinzipien der klassischen Mechanik durch die Relativitätstheorie und Quantenmechanik tauchten immer wieder Arbeiten auf, die diese Prinzipien aufs neue zu durchleuchten versuchten. Diese Versuche hingen insbesondere damit zusammen, daß zugleich mit der Physik konkreter Körper die Physik der Kontinuumsfelder entstand, welche eine kritische Durchsicht der Grundlagen der klassischen Mechanik gebot. Um solch eine kritische Durchsicht ging es auch Heinrich Hertz. Dabei stellte er sich nicht die Lösung praktischer Aufgaben oder die Überarbeitung der Methoden der Mechanik zum Ziel, sondern er wollte zeigen, daß die allgemeinen Prinzipien der Mechanik und ihr ganzer mathematischer Apparat entwickelt werden können, indem man von einem einheitlichen Prinzip ausgeht. Seine Arbeit spielte nicht nur in der klassischen Mechanik, sondern auch in der historischen Vorbereitung der Relativitätstheorie eine bedeutende Rolle.

Im Lichte der modernen Physik waren die durch Hertz aufgezeigten Probleme dem damaligen Erkenntnisstand verhaftet. Doch seiner Lösung lag eine richtige Tendenz zugrunde.

Schon die Galilei-Newton-Mechanik inspirierte einen Weg, den komplexen und in der Vergangenheit unterschiedlich definierten Kraftbegriff auszuschließen. Neben den Eigenkräften, die als Zustandsänderung der Bewegung erscheinen, stellte diese Mechanik eine andere Gattung von Kräften auf, nämlich systemgebundene Kräfte, die den Grad der äußeren Bewegungsfreiheit beschränken. Die Richtung dieser Kräfte wird durch rein geometrische Verhältnisse bestimmt, aber die Größe bleibt genaugenommen unbestimmt.

Carl Friedrich Gauß kam durch Überlegungen methodologischer Art über die damals bestehenden Prinzipien der Mechanik zur Formulierung eines allgemeinen Prinzips der Mechanik, zum Prinzip des kleinsten Zwanges.

Hertz entwickelte die Gaußsche Idee weiter, indem er sie mit der Idee von Helmholtz verband, wonach alle Aspekte der Energie unter Zuhilfenahme verborgener Bewegungen erklärt werden. Darauf aufbauend erarbeitete Hertz das Prinzip der geradesten

Bahn, welches die Grundlage für das von ihm aufgestellte Grundgesetz seiner Mechanik bildet. Der erkenntnistheoretische Wert dieses Prinzips besteht darin, daß es die Aufgaben der Mechanik auf das Problem der geodätischen Linien zurückführte, hauptsächlich durch Geometrisierung der klassischen Mechanik.

Bei der Analyse der derzeitigen mechanischen „Bilder", so folgerte Hertz, betrachtete man bis zur Mitte des 19. Jahrhunderts die völlige Klärung der Naturerscheinungen als ein Zurückführen dieser Erscheinungen auf die zahllos wirkenden Fernkräfte zwischen den Atomen. Gegen Ende des 19. Jahrhunderts dagegen habe die Physik unter dem Einfluß des sich durchsetzenden Prinzips der Erhaltung der Energie begonnen, „die in ihr Gebiet fallenden Erscheinungen als Umsetzung der Energie in neue Formen zu behandeln, und die Rückführung der Erscheinungen auf die Gesetze der Energieverwandlung als ihr letztes Ziel zu betrachten".

Entsprechend seiner Aufgabenstellung, die Begriffe Kraft und Energie zu umgehen, versucht Hertz von drei unabhängigen Grundbegriffen auszugehen, von Raum, Zeit und Masse. Hierbei dient ihm Kirchhoff als Vorbild, welcher meinte, daß diese drei Begriffe zur Entwicklung der Mechanik notwendig und hinreichend seien. Für die nun aus den Grundvorstellungen ausgeschlossenen Begriffe Kraft bzw. Energie führt er die Vorstellung von verborgenen Verbindungen, verborgenen Massen und Bewegungen ein.

Er formuliert ein Grundgesetz, das die Begriffe Raum, Zeit und Masse vereinigt, und das eine Analogie zum gewöhnlichen Trägheitsgesetz gestattet.

Dieses Grundgesetz ist eine Zusammenfassung des Trägheitsgesetzes und des Gaußschen Prinzips des kleinsten Zwanges. Es besagt, daß sich die Massen in geradliniger und gleichförmiger Bewegung zerstreuen würden, wenn die Zusammenhänge des Systems einen Augenblick gelöst werden könnten; da aber solche Auflösung nicht möglich sei, so bleiben sie jener angestrebten Bewegung wenigstens so nahe als möglich. Dieses Grundgesetz bilde den ersten und letzten Erfahrungssatz der eigentlichen Mechanik. Aus ihm lasse sich, zusammen mit der zugelassenen Hypothese verborgener Massen und gesetzmäßiger Zusammenhänge, der gesamte übrige Inhalt der Mechanik rein deduktiv ableiten; und um diesen Inhalt werden dann die übrigen allgemeinen Prinzipien nach ihrer Verwandtschaft zu ihm und untereinander, als Folgerungen oder Teilaussagen, gruppiert.

So gebe es, in der Sprache der Newtonschen Mechanik ausgedrückt, betont Hertz, keine Bewegung außer der Bewegung mechanisch gebundener Systeme.

Hertz sondert aus allen möglichen Bahnen in den Fällen, wo die Bewegung eines Systems durch Bindungen beschränkt ist, diejenigen aus, die besonders einfache Eigenschaften besitzen. Das sind vor allem diejenigen Bahnen, deren Elemente in allen Lagen minimale Krümmungen haben. Solche Bahnen bezeichnet er als geradeste Bahnen des Systems. Unter bestimmten Bedingungen fallen die Begriffe der geradesten und der kürzesten Bahn zusammen.

Dies Verhältnis ist uns durch Erinnerung an die Theorie der krummen Oberflächen sogar höchst geläufig ... Die Sammlung und Ordnung aller hier auftretenden Beziehungen gehört in die Geometrie der Punktsysteme ... Da ein System von n Punkten eine $3n$-fache Mannigfaltigkeit der Bewegung darbietet, welche aber durch die Zusammenhänge des Systems auch auf jede beliebige Zahl vermindert werden kann, so entstehen viele Analogien mit der Geometrie eines vieldimensionalen Raumes, welche zum Teil so weit gehen, daß dieselben Sätze und Bezeichnungen hier und dort Bedeutung haben können. [3, S. 36]

Diese Methode der Darlegung umgeht nach Hertz die künstliche Trennung der Punktmechanik und der Mechanik des Systems, sie gestattet es, eine beliebige Bewegung als Bewegung eines Systems zu betrachten. Sie erlaubt, alle Vorteile dieser Analogie zu genießen, und vermeidet doch die „Unnatürlichkeit, welche in der Verquickung eines Zweiges der Physik mit außersinnlichen Abstraktionen" liegt.

Hier zeigen sich die Eigentümlichkeiten der Mechanik von Hertz: Einerseits fehlt unter den Grundbegriffen der Begriff der Kraft bzw. der Energie, was die Darlegung kompliziert und kein direktes Verfahren zur Lösung konkreter Aufgaben gestattet, andererseits wird den geometrischen Bildern eine besonders wichtige Rolle zugewiesen. Während die erste Besonderheit die praktische Bedeutung der Mechanik von Hertz einschränkt, stellt die zweite eine äußerst wichtige Etappe auf dem Wege der Synthese der analytischen und geometrischen Gesichtspunkte der Mechanik dar.

Das, was in der Newton-Mechanik als Wirkung von Kräften gedeutet wird, führt Hertz auf die Trägheit verborgener bewegter Massen zurück, welche zu den beobachteten Massen hinzuzudenken sind.

Mathematisch ausgedrückt setzt sich darin jedes materielle System S aus den sichtbaren Massen S_1 sowie den unsichtbaren, noch nicht beobachtbaren oder nicht erkannten Massen S_2, die mit den sichtbaren gekoppelt sind, zusammen.

Die Auffassung der Kraft als Ursache der Beschleunigung oder Verzögerung tritt hier auf als ein Maß der Übertragung oder der wechselseitigen Umwandlung der Bewegung zwischen zwei unmittelbar zusammenhängenden Systemen.

Vom Hertzschen Standpunkt aus erweist sich die rätselhafte potentielle Energie konservativer Systeme der gewöhnlichen Mechanik als gewöhnliche kinetische Energie verborgener materieller Systeme.

Der Träger der verborgenen Systeme ist nach Auffassung von Hertz der Weltäther. Da er aber den verborgenen Systemen allgemeingültige Eigenschaften mechanischer Systeme zuschreibt, so hat der Äther in der Mechanik von Hertz den Charakter eines rein mechanischen Systems.

Seine Annahme, daß die scheinbaren Fernwirkungskräfte auf Prozesse der mechanischen Bewegung in einem raumerfüllenden Mittel zurückzuführen seien, zwischen dessen kleinsten Teilchen starre Verbindungen bestehen, hat die weitere Entwicklung der Physik, die Einstein-Mechanik, nicht bestätigt.

In einigen wichtigen Ideen der Relativitätstheorie und in der Mechanik von Hertz gibt es jedoch Gemeinsamkeiten. In der Relativitätstheorie wird die Planetenbewegung um die Sonne ohne die Heranziehung verursachender Kräfte erklärt – unter Zuhilfenahme der Vorstellung von der Energie als fundamentaler Eigenschaft der Körper. Die Planeten bewegen sich analog den Körpern in der Mechanik von Hertz auf den kürzesten Linien des Riemannschen Raumes. In dieser Hinsicht besteht der Unterschied der Relativitätstheorie zur Mechanik von Hertz darin, daß in ersterer die materiellen Bewegungen des Körpers – die Zeiten, seine Geometrie – durch die Raummetrik bestimmt werden, während bei Hertz kinetische Verhältnisse, die auf verborgenen Massen des Systems beruhen, die Bewegung bestimmen.

Trotz ihrer historischen Begrenztheiten spielte die Hertzsche Mechanik eine bedeutende Rolle in der Entwicklung eines grundlegenden Problems der Physik – der raum-zeitlichen Bewegung der Materie.

Die Ätherhypothese wurde durch den negativen Ausgang der Michelson-Versuche, die die Annahme eines Äthers experimentell bestätigen sollten, widerlegt.

Einstein, beunruhigt durch die Unvereinbarkeit der Maxwellschen Gleichungen mit dem klassischen Relativitätsprinzip, überlegte, was geschehen würde, wenn man sich mit Lichtgeschwindigkeit bewegt, und welche Änderungen die klassischen Vorstellungen von Raum und Zeit usw. erfahren müßten, um die Gleichungen der Elektrodynamik mit dem Relativitätsprinzip vereinbar zu machen. Eine mathematische Lösung dieses Problems lag mit den von Hendrik Antoon Lorentz entwickelten sogenannten Lorentz-Gleichungen vor, aber die physikalische Deutung dieses Problems schien dem gesunden Menschenverstand zu widersprechen. Einstein interpretierte den mathematischen Formalismus für das Gebiet der gesamten Physik.

Mit der Aufstellung einer speziellen Relativitätstheorie hatte Einstein 1905 die Zusammenhänge aufgedeckt, die etwa 50 Jahre in den Maxwellschen Gleichungen schlummerten und die Hertz zu seiner Zeit nicht lösen konnte. Die auf der Annahme der Invarianz der Lichtgeschwindigkeit c beruhende Änderung der Maxwellschen Gleichungen wird als Emissionstheorie bezeichnet.

In der weitergehenden allgemeinen Relativitätstheorie, einer modernen relativistischen Theorie der Gravitation, beseitigte Einstein schließlich 1911 auch die nach Hertz „verdächtigen Fernkräfte" der Newtonschen Gravitationstheorie.

Max Born, der u. a. auf dem Gebiet der Relativitätstheorie und der Quantenmechanik arbeitete, hebt insbesondere die Leistung von Hertz hinsichtlich der Klärung der Aufgaben der modernen Physik hervor, er schreibt:

Hier stehen wohl die erhellendsten Sätze über das Wesen der theoretischen Naturforschung überhaupt: mittels der theoretischen Systeme der Physik lassen sich nämlich Voraussagen ableiten, „zukünftige Erfahrungen vorauszusehen", wie Hertz es ausdrückt ... das Ableitungsverfahren der modernen Physik formulierte H. Hertz in seiner berühmten Feststellung:

„Wir machen uns innere Scheinbilder oder Symbole der äußeren Gegenstände, und zwar machen wir sie von solcher Art, daß die denknotwendigen Folgen der Bilder stets wieder die Bilder seien von den naturnotwendigen Folgen der abgebildeten Gegenstände." Es ist wohl die knappste, klarste und treffendste Formulierung dessen, was unter der modernen Physik zu verstehen ist. Nur die Mathematiker werden Hertz heute geringfügig korrigieren: An die Stelle der Denknotwendigkeit genügt es, ein bildhaftes, wohldefiniertes Rechenverfahren zu setzen. In einem bildhaften Vergleich läßt sich der Hertzsche Kernsatz etwa so verdeutlichen: Der Physiker hat sich in einer Art von riesigem Baukastensystem ein gedankliches, „abstraktes" Modell von der Natur und ihren Geschehnissen zurechtgezimmert. Er versucht dabei, mit möglichst wenigen, einheitlichen Typen von „Bauklötzchen" auszukommen. Wie er aber mit seinen Bausteinen sinnvoll „spielen", also „operieren" darf, das zeigt ihm der Mathematiker, indem er eine Auswahl von Rechenverfahren zur Verfügung stellt.

Ob nun außerdem die Bauklötzchen, die Hertz „innere Scheinbilder" oder „Symbole" nennt, richtig geformt sind, das kontrolliert der Physiker an der Natur selbst. Seine Experimente sind seine „Fragen an die Natur". Die mehr oder weniger komplizierten Versuchsaufbauten verraten ihm zudem, welches mathematische Rechenverfahren er für seine Baukastenspiele zugrunde legen darf. Jede Operation, die im Baukasten möglich ist, muß nämlich in der Natur ihr Spiegelbild haben. Daß auf diese Weise manchmal sowohl die Bauklötzchen als auch die „Spielregeln" geordnet werden müssen, haben vor allem die Ergebnisse gezeigt, die den Anstoß für die Quanten- und Relativitätstheorie gaben. Seit dieser Zeit ist der physikalische Baukasten etwas komplizierter geworden.

Aber dieses Baukastenspiel, in dem der Physiker versucht, mit immer einfacher geformten Klötzchen immer komplizierter werdende Sachverhalte seiner Wissenschaft darzustellen, ist heute eine zentrale Aufgabe für die exakte Naturwissenschaft geworden.

Auch die klassische Physik war schon sehr kompliziert und gar nicht so einfach, wie man heute gern behauptet.

Der Physiker hat sich eine *künstliche* Bilderwelt geschaffen, um *natürliche* Dinge und Erscheinungen zu beschreiben.[1]

Nach dem ersten Viertel unseres Jahrhunderts schien es zunächst, daß die fundamentalen Teilchen der Materie gefunden seien. Aber in den folgenden Jahrzehnten wurden immer neue Teilchen entdeckt. Nach heutiger Auffassung sind die fundamentalen „Bausteine der Materie" die Materieteilchen und die Feldquanten der Strahlungsfelder. Sie sind Gegenstand der Teilchen- oder Hochenergiephysik.

---

[1] M. Born: Vorwort zu W. R. Fuchs: Exakte Geheimnisse, München-Zürich 1965.

Zu weltanschaulichen und erkenntnistheoretischen Auffassungen

In dem Aufsatz „Zum 31. August 1891", den er dem 70. Geburtstag seines verehrten Lehrers Hermann v. Helmholtz widmete, finden wir die vielleicht wichtigste Quelle, in der Hertz in geraffter Form seine gesellschaftlichen und politischen Auffassungen darlegt. Hier finden wir bestätigt, daß Hertz in erster Linie ein Vertreter der experimentell-theoretischen Wissenschaft ist, dem das Wohl der Gesellschaft das höchste Ziel ist und der diesem Ziele seine wissenschaftliche Leistung unterordnen möchte:

Die Naturwissenschaften wurden gewiß auch im Anfang des Jahrhunderts in Deutschland eifrig betrieben, die Verdienste eines Humboldt, der unsterbliche Name eines Gauß ließen die Achtung vor der deutschen Forschung nicht erlöschen; aber neben dem Weizen der echten Bemühung sproßte das Unkraut einer falschen Philosophie allzu üppig und allzu bevorzugt, als daß jener zu voller Höhe hätte gedeihen können. Der nüchtern auf dem Wege des Versuches fortschreitenden Forschung fehlte bis gegen die Mitte des Jahrhunderts Reichtum und Glanz des internationalen Erfolges; die Begeisterung, welche die Scheinerfolge der Philosophie begleitete, wurde vom Ausland mit Recht nicht geteilt ... Längst ist das anders geworden: selbständig und ebenbürtig steht auch in der experimentellen Forschung die deutsche Wissenschaft neben derjenigen der fortgeschrittensten Nachbarvölker, bald in diesem, bald in jenem Zweige ihnen voraneilend oder hinter ihnen zurückbleibend, im Durchschnitt die gleiche Linie haltend. Den Dank schuldet das Land der emsigen Arbeit gar vieler Mitwirkenden, aber er verdichtet sich naturgemäß auf die kleine Zahl von Männern, an deren Namen sich die wirklichen Erfolge knüpfen.
So engherzig sich auch die Beziehungen der Völker zu einander gestaltet haben, im Reiche der Wissenschaft ist das Gefühl für die gemeinsamen Interessen aller Menschen noch nicht ganz verloren; ein Helmholtz wird auch heutzutage noch als eine Zierde und ein Stolz des ganzen Geschlechtes angesehen. [12, S. 37 f.]

Hierin drückt Hertz seine gesellschaftliche Stellungnahme, seine politische Haltung aus. Er wollte die deutsche Wissenschaft ehrenvoll eingebettet sehen in den Strom der internationalen Wissenschaftsleistungen. Leider bog sein Schüler Lenard dieses positive Motiv von Hertz später in extrem-chauvinistischer Weise um und proklamierte eine „deutsche Physik".

Philosophisch hielt Hertz am mechanischen Materialismus als naturwissenschaftlichem Materialismus der damaligen Zeit fest. Die scholastische deutsche Philosophie seiner Zeit lehnte er ab. Der mechanisch-materialistische Standpunkt der Physiker jener Zeit basierte darauf, daß das Aussagen- und Begriffsgefüge der klassischen Mechanik damals noch als Modell exakter Wissenschaft schlechthin galt. Ihre philosophische Verallgemeinerung auf die gesamte materielle Welt brachte die feste Überzeugung der Naturwissenschaften von einer real existierenden Außenwelt zum Ausdruck.

Für die philosophischen Auffassungen von Hertz war insbesondere das Studium einiger Schriften von Kant von Bedeutung. Von Ernst Mach, dem Physiker und Philosophen, mit dem sich Lenin in „Materialismus und Empiriokritizismus" und Einstein bei der Entwicklung seiner Theorie auseinandersetzten, studierte Hertz insbesondere das 1883 erschienene Buch „Die Mechanik in ihrer Entwicklung". Hier entnahm er Anregungen für seine eigene theoretische Arbeit zur Mechanik. Sich auf dieses Buch beziehend, betont er, daß die Darstellung des Inhalts der Mechanik wohl noch nicht zur wissenschaftlichen Vollendung durchgedrungen sei und ihr noch durchaus die hinreichend scharfe Unterscheidung dessen fehle, was in dem entworfenen Bilde aus Denknotwendigkeit, was aus der Erfahrung und was aus unserer Willkür stamme.

In diesem Urteil stimmt er mit anderen hervorragenden Physikern überein, welche sich mit diesen Fragen beschäftigt und über sie geäußert haben. Zur Klärung dieser aufgezählten Fragen versucht er in seiner eigenen Arbeit über die Mechanik beizutragen.

Im Festhalten an den in der physikalischen Wissenschaft seiner Zeit herrschenden Mitteln und Methoden, mit denen die physikalischen Erscheinungen und Prozesse abgebildet wurden, in der Anerkennung einer objektiven materiellen Außenwelt drückt sich der naturwissenschaftliche Materialismus von Hertz aus, während Mach mit der Ablehnung des Mechanizismus den Materialismus überhaupt ablehnte.

Gleichzeitig trug Hertz durch seine Forschungsergebnisse dazu bei, die Auffassung zu erschüttern, die Mechanik sei die letzte Grundlage der Wissenschaft. Seine theoretischen Arbeiten weisen letztlich eine materialistische und dialektische Naturbetrachtung aus. Die dialektischen Züge, die der Hertzsche Materialismus trug, bezogen ihre Impulse aus seiner praktischen Tätigkeit, seinem direkten Dialog mit der Natur.

Hertz erwartete die Klärung der Struktur der Materie, ihrer innersten Eigenschaften, der Schwere und der Trägheit usw. von der weiteren Erforschung des Äthers. Der Ätherstandpunkt war zur damaligen Zeit ein philosophischer Ausdruck des Materialismus, denn die Annahme eines raumerfüllenden Mediums diente als hypothetische Annahme zur Erklärung der durch den Raum wirkenden elektromagnetischen Schwingungen. Mit dieser Einstellung dokumentierte der Naturforscher im Grunde genommen die materialistische Auffassung der Energie, indem er, wie Lenin in „Materialismus und Empiriokritizismus" hierzu bemerkte, die Energetik als geeignetes Mittel betrachtete, die Gesetze der materiellen Bewegung in einer Zeit darzustellen, in der sich die Physiker vom Atom entfernt hatten, „aber beim Elektron noch nicht angelangt" seien, während idealistische Philosophen hieraus ein „Verschwinden der Materie" abzuleiten trachteten.

Hertz suchte nach neuen Möglichkeiten der Darstellung neu entdeckter Naturvorgänge, ohne die damals vorherrschende physikalisch-theoretische Basis verlassen zu wollen.

Einerseits sah Hertz demzufolge im Ätherbild einen sicheren Stützpunkt der wissenschaftlichen Forschung. Andererseits deutete er gleichzeitig auf den Prozeßcharakter der Erkenntnisgewinnung hin und betrachtete somit die jeweilige Erkenntnisbasis als nur relativ gültige theoretische Grundlage, die durch spätere bessere Erkenntnis korrigiert werden könne und müsse. Damit richtete er sich auch gegen jeden Apriorismus, d. h. gegen theoretische Annahmen allein aus der Vernunft, ohne die Grundlage praktischer Erfahrung, und wollte alle „unberechtigten Fragen" und „Scheinbeweise" aus der Wissenschaft verbannen. Fragen nach dem „Wesen der Kraft", dem „Wesen der Elektrizität" nannte er „unklar". Er stimmte dabei mit Kirchhoff überein, der die Aufgabe der Mechanik darin sah, die einfachste und vollständige Beschreibung der beobachtbaren Erscheinungen zu geben.

In diesem Sinne fragte er nach einer materiellen Grundstruktur, aus der man alle materiellen Erscheinungen erklären könnte. Seine Prinzipien der Mechanik bilden ein Modellbeispiel dafür, zu den von ihm erwähnten „zukünftigen Unternehmungen der

Forscher" zur Erklärung grundlegender Probleme der Naturvorgänge, die die „äußersten Ziele der Wissenschaft" seien, anzuregen. Er versuchte vor allem das Bestreben zu wecken, ständig an der Aufdeckung noch dunkler Punkte in der Wissenschaft zu arbeiten und zu forschen.

Der Ätherstandpunkt setzte ihm bestimmte Ziele und bestimmte Grenzen. Darin erweist sich Hertz als ein Naturforscher seines Jahrhunderts.

Die Verbannung der Fernkräfte als unvermittelte Fernwirkung aus der Elektrizitätslehre als Ergebnis seiner praktischen Versuche deutet aber in die Zukunft. Schon zweieinhalb Jahrzehnte später verwies Einstein die Fernkräfte aus der Theorie der Schwere.

Hertz vertrat nicht die Gültigkeit mechanischer Gesetze für das Weltganze. Er grenzte sich im Gegenteil gerade von einer unzulässigen Verallgemeinerung dieser Gesetze der Mechanik für das Weltganze, zur Beschreibung aller Erscheinungen und materiellen Bewegungen, die überhaupt auftreten können, ab. In diesem Zusammenhang betonte er, daß in seinem Texte das Gebiet der Mechanik ausdrücklich beschränkt werde auf die unbelebte Natur und er völlig offen lasse, wieweit sich die Gesetze der Mechanik darüber hinaus erstrecken. Der Anschein spreche für einen grundsätzlichen Unterschied zwischen belebter und unbelebter Natur. Man könne nicht behaupten, daß die inneren Gesetze der Lebewesen denselben Gesetzen folgen wie die Bewegungen der leblosen Körper, noch daß sie anderen Gesetzen folgen:

... dasselbe Gefühl, welches uns antreibt, aus der Mechanik der leblosen Welt jede Andeutung einer Absicht, einer Empfindung, der Lust und des Schmerzes als fremdartig auszuscheiden, dasselbe Gefühl läßt uns Bedenken tragen, unser Bild der belebten Welt dieser reicheren und bunteren Vorstellungen zu berauben. Unser Grundgesetz, vielleicht ausreichend die Bewegung der toten Materie darzustellen, erscheint wenigstens der flüchtigen Schätzung zu einfach und zu beschränkt, um die Mannigfaltigkeit selbst des niedrigsten Lebensvorganges wiederzugeben. [3, S. 45]

Und daß dies so sei, scheine eher ein Vorteil als ein Nachteil „unseres Gesetzes" zu sein:

... weil es uns gestattet das Ganze der Mechanik umfassend zu überblicken, zeigt es uns auch die Grenzen dieses Ganzen. Eben weil es uns nur eine Tatsache gibt, ohne derselben den Schein der Notwendigkeit beizulegen, läßt es uns erkennen, daß alles auch anders sein könnte. [3, S. 45]

Hertz vertritt einen Standpunkt der Determiniertheit der Erscheinungen der materiellen Welt auf Grund von Wechselwirkungen in und zwischen den bewegten Massen (physikalischen Systemen – der Materie). Er warnt vor der Gefahr, unzulässig zu verallgemeinern, spezifische Gesetzmäßigkeiten eines abgegrenzten Gegenstandsbereiches auf solche Bereiche auszudehnen, in denen diese spezifischen Gesetzmäßigkeiten offensichtlich keine Gültigkeit besitzen.

Bei der Aufstellung seiner mechanischen Prinzipien ging es Hertz nicht darum, eine in der Praxis sich bewährende Mechanik zu entwickeln. Er richtete sein Augenmerk vor allem auf allgemeine Gesichtspunkte physikalischer Erscheinungen. Wir finden bei ihm die Anerkennung der kausalen Bedingtheit materieller Erscheinungen, die Anerkennung des gesetzmäßigen Zusammenhangs aller Erscheinungen. Er betonte die Spezifik und Kompliziertheit wechselwirkender materieller Systeme.

Die Determinismusauffassung von Heinrich Hertz enthält die Anerkennung der Bedingtheit (kausale Abhängigkeit) und Bestimmtheit (Struktur) der Dinge und Erscheinungen im Gesamtzusammenhang.

Den mechanischen Determinismus kennzeichnet der Gedanke, daß in der Wirkung nichts anderes sein kann, als was in ihrer Ursache vorhanden ist. Das bedeutet die Möglichkeit einer Voraussage des Zustandes eines Systems für jeden Zeitpunkt bei gegebener Anfangszeit und bekanntem Anfangszustand.

Diese Methode führt im Bereich der Gültigkeit mechanischer Gesetze zu praktischen Erfolgen. Aber die biologischen Erscheinungen, die physischen und psychischen Prozesse, schließlich die gesellschaftliche Tätigkeit der Menschen können mit den Mitteln des mechanischen Determinismus *allein* nicht erklärt werden. An Stelle der einfachen mechanischen Bewegung hat es die Wissenschaft hier mit komplizierter Entwicklung zu tun. Wirkung und Ursache sind hier einander nicht gleich, sondern es zeigt sich in der Wirkung etwas Neues, was in der Ursache nicht vorhanden war. Damit mußte man erkennen, daß außer der mechanischen Form der Kausalität noch andere Arten von Kausalverhältnissen existieren.

Heinrich Hertz versucht alle physikalischen Bewegungen als Wirkungen von Bewegung und Masse zu erklären, also materiell zu begründen. Er deutet an, daß das auch für die belebte Natur gelte, nur dürften nicht die mechanischen Gesetze auf die belebte Natur ausgedehnt, zu deren Beschreibung benutzt werden, da sie nicht ausreichen würden, um diese zweifellos komplizierteren Bewegungen erfassen zu können. Für ihn liegen damit der objektive Zusammenhang und die kausale Bedingtheit aller Erscheinungen in den sich bewegenden und verändernden materiellen Systemen begründet. Darin drückt sich ein hoher Allgemeinheitsgrad seiner Kausalitätsauffassung aus und gleichzeitig die Anerkennung qualitativ unterschiedlicher Bewegungsformen der Materie.

Es lassen sich Analogien herstellen zu Gedanken von Engels in seinem Werk „Dialektik der Natur" über qualitativ unterschiedliche materielle Bewegungsformen. Diese Engelssche Arbeit erschien erstmals 1925 und konnte Hertz nicht bekannt sein. Die Grundidee von Engels, mit der er sich gegen die „Wut" wandte, alles auf mechanische Bewegung zu reduzieren, umfaßt drei Zentralprobleme:

erstens die Auffassung der Untrennbarkeit von Materie und Bewegung;

zweitens die Auffassung qualitativ verschiedener Bewegungsformen, die den Gegenstand verschiedener Wissenschaften bilden;

drittens die Auffassung, daß zwischen den einzelnen Bewegungsformen dialektische Beziehungen und Übergänge bestehen und diese Übergänge wiederum entsprechende Wissenschaften kennzeichnen.

Die von Hertz in diesem Zusammenhang geäußerten Gedanken haben eine der Engelsschen ähnliche Grundidee, obwohl Hertz sich nicht die Aufgabe gestellt hatte, eine Klassifizierung der Wissenschaften und eine genaue Differenzierung der Bewegungsformen vorzunehmen. Seine Gedanken basieren auf dem Zweifel, daß die mechanische Bewegungsform die grundlegende sei. Es läßt sich hieraus der Schluß ziehen, daß Hertz innerhalb seiner Mechanik den Boden des mechanischen Materialismus nicht verläßt, aber bei der Interpretation seines Systems diesen Rahmen sprengt und den Weg ebnet zur Suche nach neuen Beschreibungen physikalischer Prozesse.

Der Materialismus von Hertz drückt sich in der Überzeugung einer objektiv real existierenden Außenwelt, der materiellen Bedingtheit und Bestimmtheit, der Determiniertheit aller Naturerscheinungen und Prozesse aus.

Er vertritt die Erkennbarkeit der Welt, den Prozeßcharakter der Erkenntnis, die Relativität des Erkenntnisstandes und der Erkenntnismittel sowie die Möglichkeit der Ausnutzung erkannter Gesetzmäßigkeiten für künftige menschliche Ziele und Zwecke.

Heinrich Hertz war bemüht, selbst aktiv zum Fortschritt der Erkenntnis, zur Klärung, Erklärung und Beschreibung der materiellen Erscheinungen beizutragen.

Er arbeitete in Richtung der Klärung von Methoden der Darstellung, der Tragweite und der Grenzen von Theorien und Begriffen, der Klärung des Verhältnisses und der Beziehungen zwischen Außenwelt und Abbild. Sein Denken war auf wesentliche, allgemeine und grundlegende Gesichtspunkte und Probleme der Wissenschaft gerichtet. So konnte er über die Grenzen der klassischen Mechanik hinausweisen, Wege zur Entwicklung der modernen Physik aufzeigen und in diesem Zusammenhang über Lenin, den die Hertzschen Überlegungen anregten, auch die marxistisch-leninistische Philosophie befruchten.

Bekanntlich bezieht sich Lenin in seinem Werk „Materialismus und Empiriokritizismus", in welchem er den dialektischen Materialismus gegen den Revisionismus verteidigt und weiterentwickelt, mehrfach direkt auf Heinrich Hertz. Der bei Lenin weiterentwickelte Materiebegriff stützt sich u. a. auch auf die „naturwüchsige Überzeugung" von der materiellen Außenwelt bei Heinrich Hertz. Sein Werk ist somit ein Beispiel der engen Beziehungen zwischen Naturwissenschaft und Philosophie. Lenin verweist in seinem „Materialismus und Empiriokritizismus" darauf, wie Idealisten verschiedener Richtungen versuchten, Schwankungen von Hertz und einzelne Abweichungen bei ihm von der konsequent materialistischen Weltanschauung auszunutzen und unter Verdrehung der Fakten zu zeigen, daß die philosophische Konzeption von Hertz, die den Prinzipien der Mechanik zugrunde lag, kantianischen oder machistischen Charakter trug. Er schreibt:

Dieser kuriose Streit darüber, *wem* Hertz gehört, bietet ein gutes Beispiel dafür, wie die idealistischen Philosophen nach dem geringsten Fehler, nach der geringsten Unklarheit in der Ausdrucksweise der berühmten Naturforscher haschen, um ihre aufgefrischte Verteidigung des Fideismus rechtfertigen zu können. In Wirklichkeit zeigt die philosophische Einleitung H. Hertz' zu seiner „Mechanik" den üblichen Standpunkt des Naturforschers, der durch das Professorengeheul gegen die „Metaphysik" des Materialismus eingeschüchtert ist, aber dennoch die naturwüchsige Überzeugung von der Realität der Außenwelt nicht überwinden kann. [MEW, Bd. 14, S. 285]

Ein philosophischer Ausdruck der Überzeugung von der Realität der Außenwelt bei Hertz ist z. B. in seinem letzten Werk „Mechanik" der Verzicht auf den Newtonschen Begriff der Kraft, da die Newtonsche Kraftauffassung einen „ersten (außerweltlichen) Beweger" impliziert. Stattdessen entwickelte Hertz in Anlehnung an Helmholtz' Untersuchungen über verborgene zyklische Bewegungen die Konzeption einer „kräftefreien geometrischen" Dynamik. Vorausgegangen war seine erfolgreiche Konzeption der Priorität des Feldbegriffs vor dem Newtonschen Begriff der Partikeln mit Fernwechselwirkung. Die Erfüllung der Forderung von Hertz, die gesamte Physik – einschließlich Mechanik und Gravitationstheorie – statt aus der Fernwirkungkonzeption durch das aus der Feldtheorie hergeleitete „Lokalitätsprinzip" zu fundieren, wurde zum Zentralpunkt der Einsteinschen Relativitätstheorie. Die Konzeption der metrischen Struktur des Raumes spielt auch in der Kosmologie – Idee des Krümmungsradius des Weltalls – eine Rolle [13].

Ausklang

Die Zeitgenossen von Hertz brachten ihm Ehre und Anerkennung entgegen.

Im Jahre 1888 wurde Heinrich Hertz die Matteucci-Medaille von der italienischen Gesellschaft der Wissenschaften verliehen.

1889 erhielt er von der Académie des Sciences in Paris den Preis La Caze und von der K. K. Akademie zu Wien den Baumgartner-Preis.

1890 wurde ihm die Rumford-Medaille von der Royal Society in London, 1891 der Bressa-Preis von der Königlichen Akademie in Turin verliehen. Die preußische Regierung verlieh ihm den Kronenorden.

Die Moskauer Gesellschaft für Naturwissenschaft, Anthropologie und Ethnographie und der in Petersburg im Januar 1890 stattfindende Kongreß der Naturforscher schickten Hertz Grußtelegramme.

Die Akademien der Wissenschaften von Berlin, Wien, München, Rom, Turin, Bologna, Göttingen und viele andere gelehrte Gesellschaften wählten ihn zum korrespondierenden Mitglied.

Hertz blieb trotz der vielen Ehrungen einfach und bescheiden und ruhte auf den Lorbeeren nicht aus; er war ein echter „Wissenschaftsarbeiter".

Am 7. Dezember 1893 hielt Heinrich Hertz seine letzte Vorlesung. In den Jahren 1892/93 war er schwer erkrankt und mußte sich mehreren Operationen verschiedener Art unterziehen. Die eigentliche Ursache seines schweren Leidens war eine schon Jahre andauernde, zu spät erkannte, von den Zähnen ausgehende „Herdinfektion". Am 9. Dezember 1893, kurz vor seinem Tode, schrieb er, vermutlich in der Vorahnung seines Endes, seinen Eltern:

Wenn mir wirklich etwas geschieht, so sollt Ihr nicht trauern, sondern sollt ein wenig stolz sein und denken, daß ich dann zu den besonders Auserwählten gehöre, die nur kurz leben und doch genug leben. Dies Schicksal habe ich mir nicht gewünscht und gewählt, aber wo es mich getroffen, muß

ich zufrieden sein, und wenn mir die Wahl gelassen wäre, würde ich es vielleicht selbst gewählt haben.

Am 1. Januar 1894 erlag Heinrich Hertz einer Sepsis.
Den frühen Tod von Heinrich Hertz betrauerten wissenschaftliche
Gesellschaften vieler Länder, sie ehrten ihn durch feierliche Ver-
anstaltungen. Wissenschaftliche Zeitschriften brachten Nekrologe,
einzelne Wissenschaftler Erinnerungen mit Skizzen seines Lebens
und Wirkens heraus. Lenard, der Schüler von Heinrich Hertz,
sammelte alle Schriften von ihm und gab sie in den Jahren 1894/95
in drei Bänden als „Gesammelte Werke" heraus.
Verschiedene Arbeiten wurden in andere Sprachen übersetzt. Insbesondere die Arbeiten aus dem Gebiet der Elektrodynamik
erschienen noch zu seinen Lebzeiten und dann nach seinem Tode
wiederholt in Übersetzungen. Der dritte Band seiner Werke, die
Prinzipien der Mechanik, wurde ins Russische übertragen.
Sieben Jahre nach dem Tode von Hertz schrieb seine Mutter
Erinnerungen über seine Kindheit. Die älteste Tochter Johanna
sammelte Briefe und Tagebuchnotizen ihres Vaters und veröffent-
lichte sie im Jahre 1927. Diese Sammlung ist eine wichtige Quelle
biographischer Daten. Die jüngere Tochter Mathilde modellierte
eine Büste ihres Vaters. Diese Büste von Heinrich Hertz wird im
Deutschen Museum in München aufbewahrt (Abb. 13).
Der 1975 verstorbene Nobelpreisträger für Physik Gustav.Hertz,
Mitautor des berühmten Franck-Hertz-Versuchs, gab auf der Festveranstaltung anläßlich des 100. Geburtstages von Heinrich Hertz
1957 in Hamburg eine eingehende Analyse von dessen Arbeiten.
Im Zusammenhang mit dem 100. Geburtstag von Hertz über-
sandte das Präsidium der Akademie der Wissenschaften der
UdSSR ein Grußtelegramm, das am 22. Februar 1957 in Berlin
verlesen wurde:

Die Sowjetischen Wissenschaftler, erfüllt von dem Glauben an eine fried-
liche und schöpferische Anwendung der Wissenschaft, sind überzeugt, daß
die weitere Entwicklung der Ideen von H. Hertz und die Erfolge der theoretischen und experimentellen Physik insgesamt der Sache des Friedens und
des Fortschritts dienen werden.

In Rußland war der Name Hertz schon zu seinen Lebzeiten
bekannt. Ein Beweis für die ihm in der Sowjetunion entgegen-
gebrachte Verehrung ist eine stattliche Anzahl von Büchern, Bro-

86

13 Büste von
Heinrich Hertz,
aufgestellt im
Deutschen Museum
in München

schüren und Artikeln über den deutschen Physiker. Zum 50. Jahrestag der Entdeckung der Hertzschen Wellen brachte die Akademie der Wissenschaften der UdSSR in der Serie „Die Klassik der Naturwissenschaft" einen Jubiläumsband heraus. 1945 beging man in der UdSSR feierlich den 50. Jahrestag des Rundfunks, und von der Akademie der Wissenschaften der UdSSR erschien ein Jubiläumsband unter dem Titel „Aus der Vorgeschichte des Radios", in dem die damit zusammenhängenden Arbeiten von Hertz enthalten waren. Im Februar 1957 wurde dem 100. Geburtstag von Hertz eine große Festveranstaltung der Akademie der Wissenschaften der UdSSR mit zahlreichen Vorträgen gewidmet.

Anfang 1894 verlor die physikalische Wissenschaft Heinrich Hertz und ein Dreivierteljahr danach auch Hermann v. Helmholtz. Noch kurz vor seinem Tode würdigte Helmholtz das Lebenswerk seines größten Schülers im Vorwort zu dessen im gleichen Jahre erschienenen „Prinzipien der Mechanik". Max Planck schloß seine Rede zum Ableben von Heinrich Hertz auf der Sitzung der Berliner Physikalischen Gesellschaft am 16. Februar 1894 mit den Worten:

Fortan wird die Wissenschaft ohne ihn fortschreiten; was ihm vielleicht noch zu finden vergönnt gewesen wäre, das werden – daran ist kein Zweifel – früher oder später andere finden. Aber keiner, der auf seinen Gebieten arbeitet, wird sich seinem Einflusse entziehen können, tausendfältig, wie die Früchte seines Wirkens, sind die Keime, die er in seinen Schriften niedergelegt hat und die sich auf dem rechten Boden zu neuen Trieben entwickeln können.

Das Andenken an Heinrich Hertz aber wird, so schreibt Helmholtz,

nicht nur durch seine Arbeiten fortleben, auch seine liebenswürdigen Charaktereigenschaften, seine immer gleichbleibende Bescheidenheit, die freudige Anerkennung fremden Verdienstes, die treue Dankbarkeit, die er seinen Lehrern bewahrte, wird allen, die ihn kannten, unvergeßlich sein. Ihm selbst war es nur um die Wahrheit zu tun, die er mit äußerstem Ernst und mit aller Anstrengung verfolgte; nie machte sich die geringste Spur von Ruhmsucht oder persönlichem Interesse bei ihm geltend. Auch da, wo er einiges Recht gehabt hätte, Entdeckungen für sich in Anspruch zu nehmen, war er eher geneigt stillschweigend zurückzutreten. [3. S. XXIV]

Chronologie

1669   Isaac Newton entwickelte u. a. seine Emissionstheorie (Licht als schnell bewegte Teilchen aufgefaßt).
1678   Christiaan Huygens begründet die Wellentheorie des Lichtes.
1801   Thomas Young erklärt Interferenz und Polarisation durch Annahme der Lichtwellen als Transversalwellen.
1816   Augustin-Jean Fresnel weist durch Spiegelversuch Wellennatur des Lichtes nach, stellt exakte Wellentheorie des Lichtes auf.
1820   Hans Christian Oersted entdeckt Elektromagnetismus (durch Ablenkung der Magnetnadel durch Elektrizität), benennt Einheit der magnetischen Feldstärke.
1822   André-Marie Ampère entwickelt anknüpfend an Oersted Grundregeln des Elektromagnetismus aus Untersuchungen von Molekularströmen.
1831   Michael Faraday entdeckt elektromagnetische Induktionsströme.

1835	Faraday entdeckt Selbstinduktion.
1837	Faraday entwickelt Theorie des elektromagnetischen Feldes.
1845	Faraday entdeckt Diamagnetismus und Magnetismus aller Materie.
1846	Faraday untersucht magnetische Drehung der Polarisationsebene des Lichtes.
1853	Lord Kelvin (William Thomson) stellt erste Formeln zur Berechnung der Frequenz elektrischer Schwingungen auf, arbeitet über Thermodynamik, Thermoelektrizität und Elektrodynamik.
1857	22. Februar: Heinrich Hertz in Hamburg geboren.
1861	William Crookes studiert u. a. Gasentladungen in verdünnten Gasen.
1864/65	James Clerk Maxwell erkennt theoretisch das Vorhandensein elektrischer Wellen, nachdem er in einem Differentialgleichungssystem die Zusammenhänge zwischen elektrischen und magnetischen Kräften und den Konstanten der gleichzeitig im Raum befindlichen materiellen Körper darstellte (die Maxwellsche mathematische Theorie elektromagnetischer Felder und des Lichtes, die ihrem Wesen nach eine Theorie der Kraftfelder ist, wurde später von Einstein in seiner Relativitätstheorie weiter verallgemeinert).
1869	Johann Wilhelm Hittorf untersucht Gase auf ihre Leitfähigkeit für Elektrizität und entdeckt die „Katodenstrahlen" (Hittorfsche Röhren).
1871	Maxwell erkennt die Lichtstrahlen als einen Sonderfall elektromagnetischer Wellen.
1875	Heinrich Hertz legt zu Ostern die Reifeprüfung ab, arbeitet ein Jahr lang in einem Konstruktionsbüro in Frankfurt/Main zur Vorbereitung auf ein technisches Studium.
1876	Hertz nimmt ein Ingenieurstudium an der Technischen Hochschule in Dresden auf, muß ab Herbst eine einjährige Militärdienstpflicht ableisten. Crookes wiederholt Experimente Faradays mit neuen Mitteln, nennt die Leuchterscheinungen am negativen Ende, an der Katode einer hochevakuierten Entladungsröhre eine neue strahlende Form der Materie.
1877	Hertz setzt Ingenieurstudium an der Technischen Hochschule in München fort, hört daneben Vorlesungen über Mathematik und Physik an der Universität in München.
1878	Oktober: Aufnahme des Physikstudiums in Berlin, Hertz erhält von seinem Lehrer Helmholtz eine Preisaufgabe.
1879	Hertz erhält den Preis der Universität für die Lösung der Preisaufgabe (Messung der Trägerenergie des elektrischen Stromes). Hertz erhält eine neue Preisaufgabe der Akademie auf Anregung von Helmholtz, erkennt die unzureichenden Mittel für die Lösung der Aufgabe, behält aber das Problem dieser Aufgabe stets im Auge. Herbst: Beginn der Doktordissertation „Über die Induktion in rotierenden Kugeln", Hertz legt zwei Wochen später bereits das Doktorexamen ab.

1880   März: Hertz erhält das Doktordiplom, Assistentenstelle am Berliner Physikalischen Institut.
1881/82 Hertz arbeitet über Probleme der Thermodynamik, Elastizitätstheorie, Rückstandsbildung des Benzins, Bedingungen der Wolkenbildung, Verdampfung des Quecksilbers, Meeresströmungen, Probleme schwimmender elastischer Platten, der Härte fester Körper und der Oberflächenbestimmung.
1882   Hertz macht Versuche mit Lichterscheinungen in verdünnten Gasen („Katodenstrahlen", wie sie in der Folgezeit zur Entdeckung der Röntgenstrahlen [X-Strahlen] führten usw.).
1883   März: Übersiedlung nach Kiel.
         Mai: Habilitation mit einer Abhandlung „Über die Glimmentladung" in Kiel.
1884   Hertz beschäftigt sich fast das ganze Jahr hindurch mit theoretischen Überlegungen zur Elektrodynamik, daneben auch zur Hydrodynamik und anderen Problemen, Abhandlung „Über die Beziehungen zwischen den Maxwellschen elektrodynamischen Grundgleichungen und den Grundgleichungen der gegnerischen Elektrodynamik".
1885   März: Hertz wird ordentlicher Professor für Physik an der Technischen Hochschule in Karlsruhe.
1886   Beginn der Versuchsserie mit „Funken und Schwingungen".
         31. Juli: Heirat mit Elisabeth Doll.
         Oktober: Hertz sieht zum erstenmal den Nebenfunken, erhält Funkenmikrometer.
         November: Induktionserscheinungen dargestellt.
         Dezember: Resonanzerscheinungen dargestellt.
1887   Hertz entdeckt, daß eine Funkenentladung zwischen Metallelektroden bereits bei niedrigen Spannungen zündet, wenn die Katode mit ultraviolettem Licht bestrahlt wird (Hertz-Effekt); erklärbar durch den „lichtelektrischen" Effekt, spielte später bei Einstein als erster Beweis für die Quantentheorie eine große Rolle.
         März: Abhandlung „Über sehr schnelle elektrische Schwingungen".
         Mai: Abhandlung „Über einen Einfluß des ultravioletten Lichtes auf die elektrische Entladung".
         November: Arbeit „Über Induktionserscheinungen, hervorgerufen durch die elektrischen Vorgänge in Isolatoren", enthielt die Lösung der 1879 gestellten Preisaufgabe der Akademie.
         Dezember: Versuche über Ausbreitungsgeschwindigkeit der elektrischen Wirkungen.
1888   Januar: Abhandlung „Über die Ausbreitungsgeschwindigkeit der elektrodynamischen Wirkungen".
         9. Dezember: Beweis, daß elektromagnetische Wellen mit gleicher Geschwindigkeit wie Lichtwellen sich durch den Raum ausbreiten. Abhandlung „Über Strahlen elektrischer Kraft".
1889   Letzte Experimente in Karlsruhe, Arbeit an der Theorie der Elektrodynamik.
         April: Hertz geht als Ordinarius der Physik nach Bonn.

90

Herbst: Vortrag auf der 62. Naturforscher- und Ärzteversammlung in Heidelberg.
Philipp Lenard kommt von lichtelektrischen Untersuchungen ausgehend zur Deutung der Luminiszenz und Phosphoreszenz.

1890   Joseph John Thomson erbringt den Nachweis des freien Elektrons
und bestimmt das Verhältnis seiner Masse zu seiner Ladung.
Hertz schließt die Abhandlungen über die Grundgleichungen der
Elektrodynamik für ruhende und für bewegte Körper ab.

1891   Hertz arbeitet fast ausschließlich über Prinzipien der Mechanik.

1892   Lenard läßt Katodenstrahlen in die freie Luft austreten, erkennt
in ihnen negative Elektrizität („Elektronen"). Seine Lichtquanten-
theorie wird Vorläufer der Planckschen Theorie.

1893   Hertz hat sein letztes theoretisches Werk, „Die Prinzipien der Mechanik – in neuem Zusammenhange dargestellt", fast vollendet.

1894   1. Januar: Heinrich Hertz erliegt einer allgemeinen Blutvergiftung.
Johnstone Stoney nennt die „Katodenstrahlen" Elektronen.

1895   Alexander S. Popow erfindet bei Versuchen mit Hertzschen Wellen
die Antenne (nach dem Prinzip des „Hertzschen Dipols", der
Grundelement jeder Antenne ist) und wird damit zum Erfinder der
drahtlosen Telegraphie, zunächst auf 250 m Reichweite.
Guglielmo Marconi führt bei Bologna drahtlose Signalübertragun-
gen durch.
Pjotr N. Lebedew wiederholt die klassischen Hohlspiegelversuche
von Hertz mit 100mal kürzeren Wellen (6 mm).
Jean Perrin weist nach, daß Elektronen negativ geladen sind.
Wilhelm Conrad Röntgen entdeckt die nach ihm benannten Strahlen.

1899   Marconi sendet drahtlos Signale über den Ärmelkanal.

1900   Max Planck entwickelt seine Quantentheorie, durch welche Wel-
len- und Korpuskelnatur des Lichtes als miteinander verbunden
erklärt werden.
Karl Ferdinand Braun und andere begründen, ausgehend von den
Ergebnissen von Hertz, die Hochfrequenzphysik und -technik.

1901   Popow sendet drahtlos Signale auf 112 km Reichweite.

1902   Marconi sendet drahtlos Funksignale über den Atlantik von Eu-
ropa nach Amerika.

Literatur

Heinrich Hertz: Gesammelte Werke in drei Bänden. Leipzig 1894/95:
[1] Band 1. Schriften vermischten Inhalts. Leipzig 1895.

1. Versuche zur Feststellung einer oberen Grenze für die kinetische Energie der elektrischen Strömung. Wiedemanns Annalen der Physik und Chemie, Bd. 10, S. 414–418, 1880.
2. Über die Induktion in rotierenden Kugeln. Inaugural-Dissertation, Berlin, 15. März 1880.
3. Über die Verteilung der Elektricität auf der Oberfläche bewegter Leiter. Wiedemanns Annalen ..., Bd. 13, S. 266–275, 1881.
4. Obere Grenze der kinetischen Energie der bewegten Elektricität. Wiedemanns Annalen ..., Bd. 14, S. 581–590, 1881.
5. Über die Berührung fester elastischer Körper. Journal für die reine und angewandte Mathematik, Bd. 92, S. 156–171, 1881.
6. Über die Berührung fester elastischer Körper und über die Härte. Verhandlungen des Vereins zur Beförderung des Gewerbefleißes, Berlin, November 1882.
7. Über ein neues Hygrometer. Verhandlungen der Physikalischen Gesellschaft zu Berlin, Sitzung vom 20. Januar 1882.
8. Über die Verdunstung von Flüssigkeiten, insbesondere des Quecksilbers, im luftleeren Raume. Wiedemanns Annalen ..., Bd. 17, S. 177–193, 1882.
9. Über den Druck des gesättigten Quecksilberdampfes. Wiedemanns Annalen ..., Bd. 17, S. 193–200, 1882.
10. Über die kontinuierlichen Ströme, welche die fluterregende Wirkung der Gestirne im Meer veranlassen muß. Verhandlungen der Physikalischen Gesellschaft zu Berlin, Sitzung vom 5. Januar 1883.
11. Dynamometrische Vorrichtung von geringem Widerstande und verschwindender Selbstinduktion. Zeitschrift für Instrumentenkunde, Bd. 3, S. 17–19, 1883.
12. Über eine die elektrische Ladung begleitende Erscheinung. Wiedemanns Annalen ..., Bd. 19, S. 78–86, 1883.
13. Versuche über die Glimmentladung. Wiedemanns Annalen ..., Bd. 19, S. 782–816, 1883.
14. Über das Verhalten des Benzins als Isolator und Rückstandsbildner. Wiedemanns Annalen ..., Bd. 20, S. 279–284, 1883.
15. Über die Verteilung der Druckkräfte in einem elastischen Kreiscylinder. Schlömlich's Zeitschrift für Mathematik und Physik, Bd. 28, S. 125–128, 1883.
16. Über das Gleichgewicht schwimmender elastischer Platten. Wiedemanns Annalen ..., Bd. 22, S. 449–455, 1884.

17. Über die Beziehungen zwischen den Maxwellschen elektrodynamischen Grundgleichungen und den Grundgleichungen der gegnerischen Elektrodynamik. Wiedemanns Annalen ..., Bd. 23, S. 84 bis 103, 1884.

18. Über die Dimensionen des magnetischen Poles in verschiedenen Maßsystemen. Wiedemanns Annalen ..., Bd. 24, S. 114–118, 1885.

19. Graphische Methode zur Bestimmung der adiabatischen Zustandsänderungen feuchter Luft. Meteorologische Zeitschrift, Bd. 1, S. 421–431, 1884.

20. Über die Beziehungen zwischen Licht und Elektrizität. Vortrag, gehalten bei der 62. Versammlung deutscher Naturforscher und Ärzte zu Heidelberg am 20. September 1889.

21. Über den Durchgang der Kathodenstrahlen durch dünne Metallschichten. Wiedemanns Annalen ..., Bd. 45, S. 28–32, 1892.

22. Zum 31. August 1891 (70. Geburtstag von H. v. Helmholtz). Beilage zur Münchener Allgemeinen Zeitung vom 31. August 1891.

[2] Band 2. Untersuchungen über die Ausbreitung der elektrischen Kraft. Leipzig 1894.

  1. Einleitende Übersicht
    A. Zu den Versuchen
    B. Zur Theorie.

  2. Über sehr schnelle elektrische Schwingungen. Wiedemanns Annalen ..., Bd. 31, S. 421, 1887.

  3. Aus der Abhandlung Herrn W. von Bezold's: „Untersuchungen über die elektrische Entladung. Vorläufige Mittheilung". Poggendorf's Annalen 140, S. 541, Berichte der Bayerischen Akademie der Wissenschaften, 1870.

  4. Über einen Einfluß des ultravioletten Lichtes auf die elektrische Entladung. Sitzungsberichte der Berliner Akademie der Wissenschaften vom 9. Juni 1887, Wiedemanns Annalen ..., Bd. 31, S. 983.

  5. Über die Einwirkung einer geradlinigen elektrischen Schwingung auf eine benachbarte Strombahn. Wiedemanns Annalen ..., Bd. 34, S. 155, 1888.

  6. Über Inductionserscheinungen, hervorgerufen durch die elektrischen Vorgänge in Isolatoren. Sitzungsberichte der Berliner Akademie der Wissenschaften vom 10. November 1887, Wiedemanns Annalen ..., Bd. 34, S. 273.

  7. Über die Ausbreitungsgeschwindigkeit der elektrodynamischen Wirkungen. Sitzungsberichte der Berliner Akademie der Wissenschaften vom 2. Februar 1888, Wiedemanns Annalen ..., Bd. 34, S. 551.

  8. Über elektrodynamische Wellen im Luftraum und deren Reflexionen. Wiedemanns Annalen ..., Bd. 34, S. 610, 1888.

  9. Die Kräfte elektrischer Schwingungen, behandelt nach der Maxwellschen Theorie. Wiedemanns Annalen ..., Bd. 36, S. 1, 1888.

10. Über die Fortleitung elektrischer Wellen durch Drähte. Wiedemanns Annalen . . ., Bd. 37, S. 395, 1889.

11. Über Strahlen elektrischer Kraft. Sitzungsberichte der Berliner Akademie der Wissenschaften vom 13. Dezember 1888, Wiedemanns Annalen . . ., **Bd. 36**, S. 769.

12. Über die mechanischen Wirkungen elektrischer Drahtwellen. Wiedemanns Annalen . . ., Bd. 42, S. 407, 1891.

13. Über die Grundgleichungen der Elektrodynamik für ruhende Körper. Göttinger Nachrichten vom 19. März 1890, Wiedemanns Annalen . . ., Bd. 40, S. 577.

14. Über die Grundgleichungen der Elektrodynamik für bewegte Körper. Wiedemanns Annalen . . ., Bd. 41, S. 369, 1890.

[3] Band 3. Die Prinzipien der Mechanik. In neuem Zusammenhange dargestellt. Mit einem Vorwort von Hermann von Helmholtz und einer Einleitung des Verfassers. Leipzig 1894 und 1910.
Erstes Buch: Zur Geometrie und Kinetik der materiellen Systeme.
Zweites Buch: Mechanik der materiellen Systeme.

[4] Erinnerungen, Briefe, Tagebücher. Hrsg. von Johanna Hertz. Leipzig 1927. Mit diesem Buch der Tochter von Heinrich Hertz, in dem die Erinnerungen seiner Mutter, die diese sieben Jahre nach seinem Tode schrieb, sowie die von seiner ältesten Tochter gesammelten Briefe und Tagebuchnotizen von Heinrich Hertz, enthalten sind, liegt eine wichtige Quelle biographischer Daten vor.

[5] G. Hertz: Die Entdeckungen von Heinrich Hertz und ihre Auswirkungen. In: Gedenkfeier aus Anlaß des 100. Geburtstages von Heinrich Hertz, Hamburg 1957. Gustav Hertz unternimmt hier eine bedeutende Analyse der Arbeiten von Heinrich Hertz.

[6] Heinrich Hertz. Sammelband. Moskau 1968 (russ.). Eine wertvolle Quelle insbesondere hinsichtlich der Psychologie des Gelehrten, am Beispiel von Heinrich Hertz untersucht.
Weitere biographische Darstellungen zu Hertz liegen in Form von Beiträgen in Sammelbänden, Vorträgen und Einleitungen zu Publikationen von Einzelarbeiten aus den Werken von Heinrich Hertz vor:

[7] F. Herneck: Bahnbrecher des Atomzeitalters. Berlin 1970.

[8] G. Lampariello: Das Leben und das Werk von Heinrich Hertz. Köln/ Opladen 1955.

[9] Drei Bilder der Mechanik. Einleitung zu den Prinzipien der Mechanik von Heinrich Hertz. Mit Beiträgen v. F. Wolf und H. Höhl. Mosbach/Baden 1959.

[10] Über sehr schnelle elektrische Schwingungen. Vier Arbeiten von Heinrich Hertz. Eingeleitet und mit Anmerkungen versehen von Gustav Hertz. Leipzig 1971. Ostwalds Klassiker der exakten Wissenschaften, Bd. 251.

[11] R. Rompe, H.-J. Treder: Zur Grundlegung der theoretischen Physik. Beiträge von H. v. Helmholtz und H. Hertz. Berlin 1984. Wissenschaftliche Taschenbücher.

[12] Heinrich Hertz: Die Prinzipien der Mechanik. Einleitung, mit drei

Arbeiten von Heinrich Hertz, einem Vorwort von Hermann von Helmholtz, einer Vorbemerkung von Philipp Lenard. Eingeleitet und mit Anmerkungen versehen von Josef Kuczera. Leipzig 1984. Ostwalds Klassiker der exakten Wissenschaften, Bd. 263.

[13] Heinrich Hertz – Persönlichkeit, Werk und Wirkung. Kolloquium anläßlich des 125. Geburtstags von Heinrich Hertz am 22. Februar 1982, mit sieben Beiträgen.

Personenregister

Lieferbar in dieser Reihe:

Band	Autor und Titel	Preis	Best
5	Schütz: M. Faraday	4,35	665
11	Kauffeldt: O. v. Guericke	5,60	665
19	Schmutzer/Schütz: G. Galilei	6,90	665
21	Astaschenkow: S. P. Koroljow	10,00	665
23	Schreier: Th. A. Edison	6,00	665
27	Wußing: I. Newton	6,90	665
31	Kaiser: J. A. Segner	4,50	665
32	Sittauer: N. A. Otto und R. Diesel	6,40	665
43	Kosmodemjanski: K. E. Ziolkowski	10,50	665
49	Goetz: G. Chr. Lichtenberg	6,80	665
51	Richter-Meinhold: H. Bessemer und S. G. Thomas	4,80	666
52	Kirchberg/Wächtler: C. Benz, G. Daimler und W. Maybach	6.80	666
53	Sittauer: J. Watt	6,80	666
59	Sittauer: F. G. Keller	6,80	666
61	Engewald: G. Agricola	6,80	666
62	Dunsch: H. Davy	4,80	666
64	Stolz: O. Hahn und L. Meitner	4,80	666
65	Ullmann: E. F. F. Chladni	4,80	666
66	Hoffmann: E. Schrödinger	4,80	666
68	Beckert: J. Beckmann	6,80	666
69	Schierhorn: W. Friedrich	4,80	666
71	Herneck: H. W. Vogel	6,80	666
72	Göbel: F. A. Kekulé	4,80	666